金商道

The positive thinker sees the invisible, feels the intangible, and achieves the impossible.

惟正向思考者，能察於未見，感於無形，達於人所不能。 —— 佚名

大店長開講

修訂版

店長必修12學分
50個開店
KNOW WHY

周俊吉/李明元/戴勝益/尤子彥 著

〈作者介紹〉

周俊吉

一九五三年生，嘉義人，文化大學法律系、政大企家班畢業。二十八歲那年，向父親借三十萬元創業資金，承自儒家與「日本經營之神」松下幸之助《實踐經營哲學》，成立「信義代書事務所」，一九八六年成立「信義房屋」仲介公司，在台北市新生南路開出第一家門市店面。一九九三年「信義房屋」跨出台灣進軍上海，一九九九年成為國內第一家股票上市櫃的房仲公司，二〇一〇年在日本東京展店。二〇一一年集團佣收突破新台幣一百億元，隔年個人捐款六億元，於政大商學院成立「信義書院」，推動企業倫理教育。

李明元

一九五八年生，台東人，海洋大學食品科學系、美德州大學企管碩士。一九八四年台灣麥當勞成立同年即加入麥當勞為創始元老之一，從門市基層服務員工做起，隔年出任台北館前店第一任店長，一九九七年被拔擢為台灣麥當勞首位本土總裁，領導本地研發團隊，開發出的麥脆雞、板烤米香堡系列等產品，獲亞洲地區麥當勞全面採用。二〇一一年升任麥當勞亞洲區副總裁，為全球麥當勞管理階層位階最高的華人。二〇一二年十月起，出任頂新集團餐飲事業群副總裁。

戴勝益

一九五三年生，台中清水人，台大中文系畢業。三十八歲離開家族事業自行創業，一九九三年在台中文心路開出「王品牛排」第一家店之前，曾創業九次失敗。以「立即分享、即時獎勵」的海豚領導哲學，以及多品牌策略，打造王品集團成為台灣最具規模的餐飲事業體。二〇一二年王品掛牌上市，集團營收挑戰新台幣一百億元，並入榜經濟部主辦的「台灣國際品牌價值調查」前二十大品牌。旗下兩岸十一個連鎖餐飲品牌，其中，「陶板屋」於二〇一〇年進行海外品牌授權，進軍泰國市場。

尤子彥

台中人，大學修心理，研究所念新聞，曾任臨床心理師、報社財經記者，現為《商業周刊》資深撰述。

大店長開講 | 目錄 |

學分3
感動服務

學分4
店長職能

〈推薦序〉

為商之道

徐重仁

認識本書共同作者之一的子彥兄，是我在統一超商擔任總經理期間。多年來他在零售與服務業的深入研究與關注，每每提出許多精闢的見解，是一位充滿研究精神的專業媒體工作者，也是我對他的最深印象。所以得知《商業周刊》將把二〇一一年他採訪三位企業經營者的專欄出書，相信本書定能帶給大家許多經營的啟發，於是很榮幸接下寫推薦序的任務。

本書集結二〇一一年在《商業周刊》「店長學堂」專欄中的文章，專欄中的三位大店長，分別是信義房屋的周俊吉董事長、王品集團戴勝益董事長、麥當勞前亞洲區李明元副總裁，他們三位都是業界中十分受人尊敬與佩服的經營者，也是我認識多年的企業好友。他們在長達一年的時間中於《商業周刊》專欄的分享，我也每期拜讀，他們用心地分析店長經營疑問，與詳盡地分享經營上的經驗與見解，也常讓身為經營者的我心有戚戚焉！而此書的出版，相信對於許多想要投入創業，及面臨事業經營的管理者，有很大的參考價值與經營上的學習。

閱讀此書之時，也讓我回想過去經營7-ELEVEN的事業時，我們深深體認到門市的經營是事業的根本，所以在培養門市店長的能力上也進行不少的研究設計。包括我們每年參與台灣連鎖暨加盟協會舉辦的傑出店長選拔，透過異業的觀摩與競爭，達到激發學習潛能的效果。我們也在內部開設菁英學院，鼓勵有心學習的門市經營者繼續充電提升自我；也設計出一套志工制度，讓門市經營者透過回饋社會的過程，感受自我價值與擴大人生的視野。而這些做法，也無形中改變了許多經營者的能力與心態，在面對每天上門的顧客時，是抱著一股服務與熱情的心態，因為歡喜面對，生意也就隨之產生。

幾年前，我曾經看過一部日本影片《扁擔之歌》，片中的主人翁生長在商人之家，父母親訓練孩子的方法，就是在孩子長大之後，讓他們去賣鍋蓋來培養做生意的技巧。想當然爾，單單賣鍋蓋的生意是相當不容易做的，所以主人翁初期幾乎沒有賣出一個鍋蓋。後來因為對所賣的鍋蓋產品產生熱情，在街上看到有人家的鍋蓋很髒污，竟自然而然地興起幫忙清洗乾淨的動作，最後感動了鄰人，也就順利賣出了鍋蓋。

這個故事提到為商之道不在汲汲地賺取消費者荷包，而是從建立彼此信賴與良好關係開始。因為能夠站在對方的立場著想，就會知道要提供什麼樣的商品與服務給消費者。所以經營門市與經營企業一樣，時時思考如何帶給顧客方便與歡樂，塑造令人愉悅的購物環境、了解顧客心理進而彈性做經營的配合與改變，相信商機與人心就會跟隨而來，創造緊密與長久的顧客關係。

（本文作者為財團法人商業發展研究院董事長、前統一超商總經理）

〈作者序一〉

從本書中品味經營「人心」的承傳

李明元

受邀寫序的當下，我正坐在從台東老家開往高雄的南迴鐵路莒光號上，趕往麥當勞設於高雄的南區辦公室，向跟我一起打拚多年，尚未面對面說聲珍重再見的南區優秀餐廳經理們，表達我對他們的敬重和感念。而那時《大店長開講─店長必修12學分／50個開店Know Why》的出版，彷彿給了二〇一二年九月底褪下麥當勞亞洲區職務的我，有個為職涯中場畫上逗點的機會。為何是逗點？因為還有好多有趣又有意義的事尚未去嘗試、體驗。

很多人問我，在台灣學習並經營全球連鎖速食餐飲業近三十年了，舉凡領導管理、國際化行銷策略、創新品牌形象、建立人員培訓價值等等專業修為的養成，一定有獨到且精彩的親身體驗，若就此打住，豈不可惜？事實上，中場的告一段落，只是為了走下一段更長遠的路。在上海交大、台灣海大兩岸學界與實務界的教學相長平台，已成為我下一個傳承，並總結過去近三十年的學習經歷對時下想要出線，繼而擁有當店長機會的人，提供另類且管用的舞台。

換句話說，除了兩岸服務業經營發展的教學分享交流之外，個人亦抱持從學習中成長，從成長中昇華智慧的態度，為自己多開幾扇學習之窗，畢竟，學習需要寬廣的胸襟，也需要兼顧縱深的眼界。期待透過虛心學習，能在下一個階段接受開展華人連鎖品牌之路的挑戰時，得以有更熱情、更熟練、更具績效的呈現。

至此，不能不回頭向《商業周刊》喝采，因為他們已洞見台灣服務業的黃金十年即將展開，店長將是服務業核心人才的趨勢，才會有這本讓商業經營者、從業人員能夠言簡意賅地讀懂及學習的實用書出版。值得一提的是，這本書不單單破天荒集結有實戰經驗的三大服務業店長吐露功力，同時還採取以理論結合實務，專文闡述加上問題解析（cases study）的創新形式，使得這本不同於坊間的創業書或管理書，愈發凸顯其針對實際問題解決，幫助思考問題根源，體會經營要訣的用心與效能。

綜觀此書，無論是店長角色、店鋪經營與成長挑戰的淬煉，所有的「Know Why」課題，都脫離不了與「人」、「心」的糾結，何以見得呢？簡單來說，不管是經營大店、小店，員工是「人」，消費者也是「人」，偏偏人心難測，處理不當，缺乏服務人力或者少了衣食父母，在在都難逃成也是「人」造就的，敗也和「人」有牽連的因果關係。

意思是，即便店面地點佳、產品優良，但任何一位店長都不可能僅靠著員工或顧客一時光臨的慈悲心腸而建立起成功的事業，更不可能不切實際地只想走短線、抄捷徑，就夢想可以擁有光鮮亮麗的舞台。所以，如果說，《大店長開講—店長必修12學分／50個開店Know Why》是希望有志成為店長，或開創事業一片天的人，從中細細品味如何經營無法捉摸的「人心」，並領悟涵蓋的人生哲理與管理精髓，藉此成為一位有遠見、善用人才、具有彈性、掌握變動及具備執行力的優秀且出色的店長，倒也不為過。

總而言之，學習是毫無止境的，沒有人的學習會有「夠了」的一天，因此，不妨透過《大店長開講—店長必修12學分／50個開店Know Why》精華濃縮的具體「店長學」的引導與傳承，積極把握今日，砥礪明日吧！

〈作者序二〉

從小店到大店的經營之路

周俊吉

還記得，約莫在二〇一〇年底，接到《商業周刊》的約訪，希望能邀請幾位長期深耕服務業的「大店長」，透過分享自身經驗的方式，為許多現在進行式的「小店長」，就現有的營運實況進行診療、把脈，盼能藉由彼此的切磋琢磨，達到教學相長、精進服務品質、提升產業水準的目標。

於是，我們見證了「店長學堂」專欄的萌芽、開花，到今日集結成書的豐碩果實。

雖然身為商周指定的「大店長」之一，但三十年前的信義房屋，也是從一間小小的代書事務所起家。與許許多多的「小店長」一樣，當時的我，缺乏資金、人手不足，只有一股「君子愛財，取之有道」的信念，勉強堪稱與其他同業有所差異。

因此，早在二十六年前，信義房屋就率先推出所費不貲的「不動產說明書」，維護客戶「知的權利」，加強保障交易安全。這種看似增加短期成本的自律行為，在不知不覺中獲得了消費者長期的信任與尊重，在景氣陷入衰退的隔年，約三分之一的房仲同業紛紛宣告關門倒閉之際，信義房屋還能突破重圍、業績逆勢成長五成。

其他，如開業界先例的四大保障——履約保證制度、漏水保固制度、高放射瑕疵保障制度（俗稱輻射屋），及高氯離子瑕疵保障（俗稱海砂屋）。還有二〇一一年實施的「凶宅安心保障服務」，幾乎都是在推出後，就成為同業競相仿效的標準服務。

這些做法同時也取得了官方的肯定與共鳴，例如內政部在制定「不動產經紀業管理條例」時，明文強制業者必須提供「不動產說明書」；最新修正的「成屋買賣定型化契約應記載及不得記載事項訂定及契約書範本修正案」中，也規定賣方必須充分揭露凶宅資訊，已於二〇一三年五月正式上路。

曾國藩家書中曾寫到：「唯天下之至誠，能勝天下之至偽；唯天下之至拙，能勝天下之至巧。」人是天底下最複雜的動物，想要在瞬息萬變的服務業中脫穎而出，想要贏得變化莫測的人心青睞，唯「信」、「義」二字而已。

「信」是重視承諾、說到做到，「義」就是合宜的思考或行為。所以，

「信」加「義」合起來，就是「該做的事，說到做到」。

將「信義」落實在經營管理上，就是「企業倫理」，也是信義房屋一路走來的核心價值。所謂「企業倫理」，就是以企業為主體，針對各利害關係人（顧客、同仁、股東、社會大眾與自然環境），從事合宜行為、並建立適當關係。

雖然你、我身處於科技日新月異的工商業社會，不斷面臨著許多推陳出新、型態各異的經營挑戰；但不論時代如何變遷，消費者心態如何捉摸不定，只要「小店長」們心中自有一把尺，能時刻秉持著以企業倫理為根本的中心思想，以誠待人、重信守義，不以短利畫地自限、但求企業永續經營，則「小店」經營之路，必能從「如何生存」進階到「長期發展」。

對我而言，成功三部曲首重「心誠」、再求「道正」，而「術強」自然水到渠成。

再把眼光放得遠一點，個別企業無法脫離整體社會而單獨存在，其與社會的連結不外乎透過各種利害關係人。如果我們能以企業倫理做為起點，克服台灣企業規模、資本不如人的先天障礙，才有機會打造享譽國際的國家級品牌，而台灣社會整體競爭力的提升與轉型，也會有指日可待的一天。

〈作者序三〉

讓客人感動的關鍵

戴勝益

王品人最喜歡說故事，我說一個真實故事與大家分享。

在雲林斗六家樂福旁，有一家牛排店。一日中午，一對年輕夫妻從銀行開完戶離開，要去餐廳用餐，在下車沒多久，太太的鞋子就折斷了，當下就走進了這間餐廳。服務人員引領他們進入座位後，即關心地問道：「您鞋子壞了，需要幫您買雙新鞋子嗎？」太太很客氣地回覆不用了，服務人員並沒多說什麼，招呼後就準備服務客人了。

在點完了餐點，送完了前菜，這對夫妻正在用餐時，有一位女服務員悄悄地走了過來，手裡還拿了一雙鞋子，接著彎下身子小聲地對這位太太說：「如果您不介意，我把我這雙鞋子送給您，不然，等一下您會很不方便的。」

這是發生在今年六月，西堤斗六家樂福店的真實故事，這對夫妻在臉書上寫著「一雙鞋子的故事：吃西堤牛排送鞋子」，讓他們揪感心，我們也很感動。

沒有客人的ＰＯ文，我們也無從得知，但這樣的故事，在王品集團各品牌餐廳內每天都一再上演。

每家店的經營，除了要知道Know How，更要了解Know Why，就如同多品牌的王品集團，各品牌都有自己的標準化服務。如「王品牛排」標榜尊貴，規定服務同仁鞠躬為十五度，而「陶板屋」走日式和風路線，彎腰則是呈三十度致意，年輕活潑的「西堤牛排」，用熱情打招呼，微笑一定要露出七顆半的牙齒。雖然品牌間有所區隔，卻也有同中求異的「感動表現」。

而服務業就是以「顧客滿意」為宗旨，如何讓客人滿意是Know How，Know Why就是讓客人感動的關鍵，也是客人一再光臨的動力。

《大店長開講》中有信義房屋董事長周俊吉和麥當勞前亞洲區副總裁李明元，這兩位服務業的教父級ＣＥＯ，憑著他們的百戰經驗，從他們口中學習到店鋪經營的成功心法，周俊吉董事長提到「做『寬服務』經營『窄客層』」，因為生意要長遠，就忌看短。李明元副總裁則認為，品牌ＤＮＡ不僅呈現在販售產品中，還要把品牌的ＤＮＡ融入服務流程中，這兩位的精彩傳授，讓服務業的層次更提升。

本書發展出超越台灣服務業，原有的標竿創新服務與商業模式，讓服務業的店長所面臨的種種問題和瓶頸，都能被一一檢視與全面克服，讓台灣的服務業不僅升級，更呈現出嶄新的風貌。

〈前言〉

成功開店不可或缺的DNA——初衷、抱負和夥伴

尤子彥

要擁有什麼樣的核心DNA，才能開一家會賺錢的夢想店？一大筆資金、金三角店面，或是獨家研發產品等等這樣的有形資源，恐怕都不是最關鍵的答案。

《大店長開講》綜合信義房屋董事長周俊吉、前麥當勞亞洲區副總裁李明元、王品集團董事長戴勝益等三位大店長開店經驗後發現，創業起點的「初衷」、可深可大的事業「抱負」，以及能一起走遠路、志同道合的「夥伴」，才是開店創業成敗最關鍵的DNA。

鴻海集團董事長郭台銘曾說過，阿里山上的神木之所以成為巨樹，早在四千年前種子落地時便已決定了。創業的「**初衷**」，正是決定事業格局大小的那顆種子。

一九八一年，二十八歲的周俊吉，大學法律系畢業後，沒踏上律師、司法官的法律人之路，而是思考到，既然房地產交易糾紛頻傳，如果可以建立一個房屋

仲介品牌，提供買賣雙方公平、合理，有保障的不動產交易服務，不僅是門好生意，更可有效疏減訟源，善盡法律人的社會角色。

本著這樣的心情，周俊吉在開第一家店的前夕，執筆寫下七十個字的立業宗旨（見第一八七頁），做為創業最高指導原則，也讓信義房屋從一家街邊店，跨入對岸中國，以及服務業高度成熟的日本等地；泛集團房仲家數亦逾千家以上。

此外，以企業執行長高度，打理一家店的「**抱負**」，則是讓小店長變身為大店長的槓桿點。正是因為心懷遠大的事業抱負，三十多年前，頂著國立大學學歷光環的李明元，願意彎腰從清掃、洗廁所，麥當勞餐廳最基層實習生做起，並通過重重考驗，出任台灣麥當勞最高領導人，更進而升任亞洲區副總裁，成為該集團管理階層位置最高的華人之光。

抱負高度不一樣，面對挑戰的心態也大不相同！李明元曾回顧，轉任人資、採購等後勤部門期間，雖然沒有在營業部門帶兵打仗贏得掌聲的榮耀感，卻鍛鍊了他日後挑戰職涯顛峰，不可或缺的全方位經營力。

當具備「初衷」與「抱負」，一家表述經營者自我風格的夢想店，就有本事創造消費者認同的價值，獲利也不再是天邊的一抹彩虹。但這樣還不夠，登山的山友都聽過一句話：「一個人可以跑得快，但一群人才能走得遠」。唯有和志同道合的「**夥伴**」一起前進，美好的經營果實才得以持續茁壯。

創辦王品集團的戴勝益，除倡導獲利與同仁大方分享的「海豚哲學」，同時也寫下王品憲法、龜毛家族條款，建立企業文化並凝聚價值觀，是其能領導上萬名集團同仁，步伐一致、齊心打造全台最大餐飲集團的成功之鑰。

如此看待服務業成功者的經營思考，其必要性在於，**台灣社會已進入「感質」更勝「品質」，重視風尚美學的體驗經濟時代，探討服務業開店成功要素，不能只論有形的生產要素，其他像是經營者對於價值的論述，透過品牌形塑的生活風格等，這些穿透人心的無形資產，才是生活產業的核心競爭力。**

本書概分為店長角色、店鋪經營與成長挑戰，共三大部分十二學分，每學分皆有來自全台店長曾向《商業周刊》「店長學堂」專欄提問的實戰案例，以及由大店長輪流分享，未曾曝光經營心得的精彩開講。

每一個案例，旨在探討問題背後的問題（QBQ，Question Behind Question），不只學習Know How，更強調思考Know Why。希望有助培養店長們，建立經營一家店的完整邏輯與獨立思考能力，成就邁向大店長之路的人生願景；也期望召喚出每個人的心願，開一家充分實現自我的夢想店。

Part 1

店長的角色與職能

店長，站在第一線的執行長

早餐尖峰時段，平均一分鐘要出五杯熱咖啡；暑假期間的週休二日，上門顧客會吃掉四百公升聖代奶昔、六百顆蛋、六千份漢堡、兩千一百磅薯條，喝掉三百萬西西的可樂，以及用掉串聯起來超過十公里長的捲筒衛生紙……。

任務不只如此。

全店近百位員工當中，九成是兼職計時（part time）員工，店內半數員工還是介於十六歲到十九歲的「九〇後」。這家店一年所創造的營業金額，能換到一棟台北仁愛路的帝寶豪宅。

這是有「天下第一店」之稱，每年超過一百二十萬人次進入消費的麥當勞台北館前店長工作內容。

一道又一道的挑戰，是一階又一階，從店長通往服務業ＣＥＯ（執行長）大位的必經之路上。「麥當勞館前店店長」是麥當勞前亞洲區副總裁李明元、前台灣ＫＦＣ董事總經理唐惠良、得利影視總經理張國強，他們工作履歷上共同的經歷。

打造優衣庫（UNIQLO）成衣品牌，成為日本首富的迅銷公司ＣＥＯ柳井正，同樣是店長出身。

二十五歲那年，柳井正接下父親成立的「小郡商事」男士服裝店店長，店裡員工一度因和他理念不合，紛紛辭職離去，整家店只剩下柳井正和另一名員工。但時隔二十五年後，柳井正創辦的UNIQLO，在日本卻開出三百五十五家專賣店，他則成為股票在東京證券交易所掛牌的上市公司老闆。二〇〇九年，六十歲的柳井正，更首度登上長期由地產、金融大亨占領的日本首富寶座。

和CEO的角色、責任相同

柳井正曾回憶當店長的日子，雖然從精確估計商品進貨銷貨、處理銀行存款報稅繳稅，到招聘面試訓練員工，每天面對的都是得親力親為，既繁瑣且紛雜的店頭工作，但在這個忙碌的過程當中，卻養成了「自己做出判斷、自己付諸行動」的做生意基本心態，個性也從內向拘謹，變成能大方面對顧客。

服飾店內工作的精熟程度，甚至到了就算是迎面而來的陌生人，都能準確說出對方穿的衣服尺寸呢！

柳井正強調：「店長，是零售業最關鍵的角色。」直到今天，柳井正在每週一的經營會議上，仍直接聽取第一線店長的意見，做為公司決策參考，「最大的經營目標，就是把UNIQLO旗下每家店的店長，都訓練成社長。」他曾說。

而在全球最大連鎖餐廳的麥當勞體系，店長正式職稱是「餐廳經理」，任務是主導一個「策略性事業單位」（strategy business unit），在有限的資源條件下，創造出最大獲利，一肩扛起營運成敗的責任。尤其，必須有擔任店長至少一年資歷，才能出任各國家或地區營運團隊的領導人，已成為全球麥當勞在升遷派任各地區CEO人選，內部的不成文規定，就算頂著企管碩士或擁顯赫學歷的資深部門主管，也不例外。

事實上，一家公司的CEO，帶領的正也是一個「策略性事業單位」。換言之，**一家店再小，都是麻雀雖小但五臟俱全的公司，店長和一家企業CEO的角色和責任，幾乎是相同的**，差別只在掌握的資源規模、市場範圍和管理深度、廣度不同而已。

摸「人心」的功課

一九八四年加入台灣麥當勞，從最基層的掃地、洗廁所實習生開始，一年半之後出任店長，曾經是全球麥當勞華人位階最高的李明元認為：「一個沒有店長歷練的CEO，經常會做出不食人間煙火的決策。」只有曾經在廚房打過番茄醬槍、煎過漢堡肉的人，在他出任高階主管之後，才會知道，一旦做錯一個作業程序決策，會影響到多少員工的工作舒適度，甚至導致客人與員工的不斷摩擦。

有句話說：「櫃檯後你怎麼對員工，櫃檯前員工就怎麼對待顧客。」說明一個滿意的顧客微笑，背後看不見的經營深度。

這個深度只能用「人心」測量，**服務業正是比賽誰最能摸透「人心」的行業，不只摸顧客的心、摸員工的心，也摸競爭對手的心，還要摸不上門顧客的心，更摸經營者自己的心。**

每一次摸心，都是店長一堂又一堂的修練功課。

學分 1
人員管理
講師／李明元

實戰1——打造「3F」，搞定年輕員工

店裡工讀生多是七、八年級生，年輕人普遍不肯吃苦，例如：要求他洗碗，卻對老闆擺臭臉；用和朋友相處的方式對待，希望能讓年輕人熱愛工作，結果他反而更加目中無人。究竟對待年輕員工該像朋友一樣，還是維持上司對屬下的雇傭關係就好？（串堂燒烤店　蔡店長問）

KNOW WHY

有句話說：「櫃檯後你怎麼對員工，櫃檯前員工就怎麼對待顧客。」你和員工建立有如朋友的關係，很好，但這不夠，和員工的關係還要存在紀律、效率和對服務流程的要求。

服務業不是只談彼此關係和感情，還有責任存在，上門顧客期待的不只是服務的熱情和態度，他還期待東西的品質以及服務速度是否專業，服務人員的衣著、話術等，都影響顧客對這家店的觀感。

你的問題，表面上是如何處理年輕工讀生的情緒，但深一層看，應該要去想，員工沒法接受工作要求的原因是什麼？

是一開始就沒有找對人，還是找到人之後，卻缺乏對這些人提供適當引導與訓練，以及後續進行追蹤績效和評估，牽涉的是背後一整套人力管理的流程。

讓年輕人熱愛計時工作，要建立「三Ｆ」的工作環境：Friendly（友善）、Fun（樂趣）和Future（未來感）。

Friendly：就是把餐廳變成像大學社團。

年輕員工進來，給他完整的介紹和歡迎，讓這個地方成為學校和家裡之外，第三個好去處，逐漸產生歸屬感。

Fun：則是工作本身要彈性、多元。

我們要了解年輕人的心理，像〈超級星光大道〉這類的電視節目會受到歡迎，顯示年輕人需要的是表現的舞台，把每個工作時段設計成可以讓他們盡情展現所學與自我個性的服務舞台，並享受客人的回饋。

Future：是讓他們對未來有期待。

最簡單的是給獎金立即回饋，某天表現特別好，當天下班就給予獎勵；這個月業績特別亮麗，頒發團隊派對獎金。

店長要同時扮演老師、教練、專家和朋友等四種角色，不只告訴員工該做什麼，還要讓他知道為什麼必須接受訓練和要求。即使是只領時薪的計時員工，他在這裡若可以學到技能、培養紀律，比別人有更好的處理問題能力，對未來就業或自行開店都有幫助。

當他看到自我成長的願景，就會認為在這裡打工很值得，而不是來賣時間。

■ 小店長這樣想：

「威權管理落伍了，要用對待朋友的方式和年輕員工溝通。」

■ 大店長那樣想：

「不管是正職或計時員工，都要協助他們從工作找到自我價值。」

實戰2

架好板凳人力，不怕被挖角

總公司要求加盟店滿三個月的員工，須參加教育訓練，但卻乘機挖角加盟店的優秀員工到直營店，導致人員流失。請問加盟店家如何避免人才被總公司挖角？（通訊行　陳店長問）

KNOW WHY

加盟總部挖角加盟店人員，犯了連鎖經營的大忌。全球麥當勞內部有不成文規定，就算是加盟店離職的人員要進總公司，都要主動取得加盟店家同意，避免破壞彼此的互信基礎。

但實務上，總部也不是不能爭取加盟店的人員，很多優秀的連鎖品牌高階主管，生涯起步也是從加入加盟店開始，人才如何互通流動，牽涉到總公司與加盟店雙方的權利義務關係。

這意思不是說，非得在加盟合約載明禁止挖角條文，加盟店家才能保住自己的權益，加盟本身就像婚姻關係，婚後若光靠一紙婚約維持關係、約束彼此行為，就等於已走到最後一步的法律層面，法院見面只是造成兩敗俱傷。

因此，加盟店和總公司的人員交流，最好還是回到建立在互信關係上，達成的不成文默契和共識。

面對員工被挖角，你固然可以向總公司強烈抗議，但換個角度想，如果你培養出來的員工能進到總公司，因雙方曾為主雇，若持續維持好關係，等於「朝中有人」，他在總公司可以幫助你更充分掌握總部的營運策略，等於擁有其他加盟店家沒有的無形資源，其實並非壞事。

另外，總公司需要組織思考能力強、能設計標準化作業流程的管理人員，但加盟店需要的，則是能在街頭發揮戰鬥力、喜歡和顧客互動的現場人才，兩者特質不同，如果一開始用人，就考慮到這層差異，也可降低日後人才流向總公司的機率。

人來人去本是門市員工的常態，組織也才會有活水，正因為服務業最重要的核心價值是人，沒有人，產品就無法完整呈現，所以一間公司或一家店，「需要把人變得不重要。」換言之，**要禁得起員工隨時離職，才算夠格的服務業經營者。**

如同籃球場上，每隊總有幾名準備隨時上場接替的板凳球員，架構板凳人力，是解決人員遭挖角的釜底抽薪之計。板凳人力不一定架構在自己組織內，和外部有經驗的人員，甚至是上下游供應商維持緊密關係，都是儲備板凳人力的來源。

▌小店長這樣想：

「不只培養人才，還要高薪留人，才能避免員工老是被挖角。」

▌大店長那樣想：

「如果員工被挖角，要想辦法讓離職員工成爲我的業界人脈。」

學分 1
人員管理
講師／李明元

實戰3——願景當動力，棍子靠邊站

小酒吧兩名正職與四位兼職員工，僅一名正職是應徵來的，其餘員工都是朋友幫忙性質，因此很難對員工嚴格要求，就算要訂新規章，也面臨之前沒訂，為何現在突然要訂的爭議。如何在不傷情面前提下，有效管理員工？（G paradise吳店長問）

KNOW WHY

家族企業要蛻變為專業經理人為主的公司，也會面臨類似困境，以經營之神台塑創辦人王永慶為例，創業初期凝聚家族共識，加上極強的由上而下控制能力，形成龐大集團力量。但當第一代領導人離開或家族分裂，個人色彩褪去時，創業家精神的引擎會不會熄火，則要看管理機制是否成熟，或者集團內存不存在共同願景。

小店經營，管理機制上，固然可撇開企業化經營，計畫、執行、考核的模式，朝人性化取向，但卻不能沒有新的共同願景，因為，如何清楚地描繪願景，來自大家能否建立共識，而共識本身即可取代管理模式。

什麼是「願景」？《第五項修練》書中提到，簡單地說，願景就是「我們想要創造什麼？」它改變了成員與組織的關係，員工不再認為這是「他們的公司」，而是**「我們的公司」，這樣的一體感，喚起人們的希望，也最能激發全員的企圖心和行動力。**

小酒吧要建立共同願景，須靠你和全體員工坦誠溝通，思考願景和個人對生命的意義和定位，從追求自我成長的原動力，和小店下一步如何能更好，交集出彼此都能認同的目標。當大家都有這樣的企圖心，因為已有了共識，日後對於不管是假日加班或顧客服務等管理層面的種種要求，勢必就會願意達成，共識於是轉化為管理模式。

也就是說，當存在共同願景，棍子和胡蘿蔔是建立在大家同意的發展目標下，而不是只為達到獎懲和業績目的而制度化，訂新規章不但不會引起反對，還能繼續保有小店個性化與人性化的經營風格。

願意出來創業的人都有願景，這份初衷是否仍是創業夥伴們的共識，須不斷檢視，甚至得因應客觀環境做出修正。這是談管理制度之前，要顧及的人性化一面。管理教科書找不到標準答案，店長的領導特質，以及對人性的掌握和了解，才是關鍵。

■ 小店長這樣想：

「雖是朋友共同創業，但還是要一視同仁遵守店內的賞罰規定。」

■ 大店長那樣想：

「績效管理一定要做，但該怎麼做好，要先取得團隊的共識。」

大店長開講

麥當勞前亞洲區副總裁／李明元

如何靠計時人員打天下

一家麥當勞餐廳，正職員工只占全體員工十分之一，其餘都是兼職的計時人員。李明元認為，計時人員的招募、訓練和管理是否得當，是餐飲服務業能否穩定營運並持續獲利的前提，但想靠計時人員打天下，一切都得從品牌戰略高度進行縝密的規畫。

本地服務業多數經營者和店長，過度貶低計時人員、打工族的重要性，忽略他們在服務業扮演極關鍵的穩定力量。這群工作者雖總是來來去去，但營運尖峰時間、週末旺季，如果少了他們，一家店的營運勢必停擺。

在麥當勞，計時人員更是這個全球最大的連鎖餐廳品牌，最重要的人力資產。絕大多數顧客到麥當勞消費，接觸到的都是計時人員，舉凡顧客抱怨處理、用餐滿意度，以及對餐廳形成的口碑，是好是壞都看計時人員的表現。我們甚至還有計時的管理幹部，例如，督導各樓面現場營運的計時經理。

然而，由於貶低計時人員的價值，許多店在運用計時制度時，對於他們工作流程的設計安排、績效追蹤考核，皆缺乏完整思考，以至於，店長們經常抱怨計時人員不好用、年輕打工族管不動、動不動就離職的問題，這都和有沒有做流程規畫有關。

理想的工作流程規畫，首先要架構好穩定的月薪人員，這群正職同仁，主要負責管理計時人員排班、餐廳訂貨以及商圈的行銷活動，如果連月薪人員都來來去去，要維持最基本的服務品質，當然不可能辦到。

其次，是發展標準化作業流程（SOP，Standard Operation Procedure），把計時工作的內容文字化或影像化，除做為工作手冊，也是最完整的訓練教材，從中還可發展出考核工作表現的關鍵績效指標（KPI，Key Performance Index）。

在麥當勞，我們不叫SOP，而是稱SOC（Station Observation Checklist，工作站觀察檢查表），依每個工作站（例如廚房分為漢堡區、薯條區和炸雞區三個工作站）的分工和工作流程步驟，製作不同檢核表。

完成前兩個步驟，接下來才談正職人員與計時人員的管理介面。

藉由完整的ＳＯＣ系統，訓練部門就可以從容地進行新進計時人員職前訓練，應徵者也可以循序漸進學習新工作，減少產生挫折感，並把適當的人放到適當的位置。

例如，個性外向的安排在外場點餐，較不擅與顧客接觸的，則朝廚房等後勤工作發展，甚至可以成為訓練員角色，擔任訓練其他新人的計時訓練員。

更重要的是，有了ＳＯＣ系統，也便於計時人員進行工作輪調，發展多元專長。因為，只有當工作內容豐富、彈性、有成長性時，計時人員上班時才不會覺得枯燥、乏味，才能有效降低離職率。

在麥當勞餐廳，計時人員一天上班通常會輪調三至五個工作站，不會從早到晚都在櫃檯負責點餐。因為，就算再有服務熱情，沒有人可以一整天臉上掛著相同的微笑表情。計時人員在櫃檯、廚房、外場等不同工作站進行輪調，除增加工作樂趣，對餐廳來說，更可確保服務品質。

招募不是找人，是行銷工作價值

麥當勞計時人員的薪資福利並非餐飲業最高，但**我們致力溝通的，是讓加入**

麥當勞計時員工行列的應徵者，能清楚地認識這個工作的價值，不只是帶來有形的金錢報酬，而是在跨國品牌打工的經驗，學習與人合作的團隊精神，培養解決問題能力與自我付出的服務觀，擴大並豐富自己的人生視野。

這樣行銷工作價值的招募方式，麥當勞稱作ＥＶＰ「人員價值主張」（Employee Value Proposition）。也就是說，招募計時人員等於是把這些職位，「賣給」在就業市場有不同選擇的應徵者，如同一家店賣東西需要做行銷，談行銷就要做產品定位，想釐清定位，一定要回頭思考品牌價值。

行銷大師科特勒（Philip Kotler）提出「行銷3.0」的概念，他認為，第一代行銷的重點是產品，第二代是體驗，到了第三代，行銷著眼的，要放在企業本身存在的社會價值。替在地服務業培養一流人才，即是麥當勞定義品牌存在的社會價值之一。

從這個原點出發，麥當勞在行銷ＥＶＰ時，除辦金牌員工選拔、歌唱比賽等活動，讓同仁有不同的自我成長機會，也和出版社合作，出版《第一份工作教會我的事》，書中以二十六位曾在麥當勞餐廳打工或任職的「麥胞」為主角，如好市多台灣區總經理張嗣漢、前王品訓練部副總經理張勝鄉等，透過他們親身分享在麥當勞工作，需具備的六大態度，包括「夢想力」、「執行力」、「修練力」、「競合力」、「領導力」和「熱血力」等，強調培養每個人在努力成就自己之際，還要成就團隊。

此外，我們會派出人資部門顧問和總經理，每年到餐飲管理學校進行上百場演講，提高和就業市場的ＥＶＰ溝通頻率，並和人力銀行合作，透過網路宣傳，或參與各縣市政府舉辦的就業博覽會，這些都是品牌行銷活動的一環。

所以說，人員招募要從品牌戰略高度進行縝密的規畫。

〈人員管理〉的槓桿思考練習

一、先有員工滿意度，才有顧客滿意度，我是否充分思考提高員工工作滿意度的各種可能？

二、計時人員既然是這家店的主力，我有沒有花最多心思和他們溝通，了解他們的需求？

三、每家店都想找到認同經營理念的工作夥伴，但還沒成為員工之前，怎麼讓他們得知我的理念呢？

學分 2
標準化服務
講師／周俊吉

實戰4——建SOP，「用人」不「留人」

經營茶飲料店，雇用一名正職員工與四名工讀生，因成本考量無法多聘正職，日前一名任職三年的資深工讀生離職，立即面臨人力短缺問題。曾靠發獎金和教育訓練，試圖改善工讀生流動性高的問題，卻未見成效，我該如何改變工讀生短期就業心態？（Mr. wish天然水果茶　鄧店長問）

KNOW WHY 工讀生流動性高，本來就是服務業常態，奢望一個工讀生在一家店打工兩、三年，比期待正職員工一做就是二、三十年還困難。然而，每條街的泡沫紅茶店，雖品牌不同，但商品差異化有限，只有靠服務才能創造競爭優勢，談服務就牽涉門市人員的訓練。因此，你首先該做的，是建立店務SOP（標準化作業程序）。

建立SOP目的只有一個：讓新人第一天就能上手。如此，就沒有工作交接空窗期，也不必擔心因工讀生流動，導致服務品質下滑。

這套SOP內容和步驟愈詳細愈好，從一早開店，如何開啟總電源開關、準備茶包材料，到打烊前完成清潔工作，掃帚拖把歸位等細節，統統都要列進去，不只書面化，最好還做成簡報檔或拍成短片，既詳盡又簡單易懂。

多數飲料店店長或許認為，員工人數屈指可數，口頭說明工作流程即可，不須建立SOP。但若工讀生平均留任時間是三至六個月，一年下來新進工讀生少說超過十個人次，一次建立SOP，三年至少可重複用三十次，是不是很具效益呢？

此外，還要有制度化的考核獎金配套，才能降低工讀生流動率，強化團隊的工作默契。

薪資以外的獎金，最好能分兩筆，一筆和工作績效連動，表現好馬上發給；另一筆依出勤狀況或任職時間長短，給予額外獎金，這筆獎金延後三個月才發，若員工打算離職，須在一個月前告知店長異動計畫，才能領回這筆錢，以避免人力銜接不上。

建立SOP、不同時間發放不同獎金，除可解決店內長短期的人力調度問題，人資角度的意義是，與其經常為「留人」大傷腦筋，不如把心思用在，如何讓新人用最短時間上手、強化資深同仁認同團隊的「用人」上。這樣一來，店長才有餘力，構思下一家店的事業計畫。

■小店長這樣想：

「想靠工讀生維持服務品質，要錄用具服務熱忱的應徵者。」

■大店長那樣想：

「服務才能創造競爭優勢，建立SOP工作手冊，才有一致的服務品質。」

學分 2
標準化服務
講師／李明元

實戰5——管店靠制度，新手要培訓

經營牛肉麵店將近四年，客群和營收都已穩定，但是人力管理的標準化卻遲遲無法建立，導致每天都要在店裡看顧。請問，小成本的店面，真的可以建立SOP（標準化作業流程）嗎？（真極品牛肉麵　楊店長問）

KNOW WHY

說實在，如果只開一家店，建立標準化作業的必要性，不如先把店的「深度」和特色經營出來，更為關鍵。

這樣說，並非標準化作業不重要，而是須充分理解，餐飲服務業做標準化的目的，是為了要建立系統化經營，系統化經營之所以必要，則是要解決「管理幅度」（span of control）問題，擴大經營的「廣度」。

「管理幅度」是指一位管理者能夠有效直接監督幾位部屬，控管的人數愈多，管理幅度愈大，但若超出適當的管理幅度，管理效率也隨之遞減，系統化經營則有助擴大管理幅度。

例如，當只有一、兩家店，經營者可以靠體力協調內外場，並透過師徒制培養代班人；但若店數是十家、百家，就要靠建立系統化的制度，做為管理工具。

實務上，餐飲服務業合理的管理幅度，約在五家店左右規模。大型餐飲連鎖店每五家店，都設有一位督導主管，約二十家店，即有一位營運經理，這樣的組織設計，也是基於最適管理幅度所做的安排。

小成本起家的餐飲店，開出第五家分店之前，經營者應要有能力，透過頻繁溝通監督各店主管，一手掌理日常店務；第六家店開始，由於超出親力親為的管理幅度，無法每天到不同的店內監督，才須仰賴系統化經營運作，掌控整體營運。

當然，從第一家店就開始思考標準化作業，替未來的系統化經營扎根，這個構想很好，可以從新員工訓練著手，把牛肉麵店廚房的作業流程，如煮麵時間、湯頭熬煮等，編成訓練手冊，隨分店數增加，再逐步把外場的接待步驟文書化，累積所有內外場的分工和流程，成為日後系統化經營的管理架構。

不過，就算系統化經營再好，服務業經營都不可能成為自動駕駛的飛機。只有一家店的時候，經營者親自領導，可能占營運成敗九成以上；五家店之後，營運效率也許六成取決於系統化經營，但其他四成，還是得靠經營者親赴現場，發現制度無法解決的問題。

■ 小店長這樣想：

「把整家店交給員工管難讓人放心，最好還是凡事親力親爲。」

■ 大店長那樣想：

「建立SOP，才能逐步授權，應把力氣花在思考店的下一步發展。」

學分 2

標準化服務

講師／李明元

實戰6——開店像打仗，倉管定輸贏

加盟飲料店，因總部出貨狀況不甚穩定，常得先匯款給總部，囤積一至兩個月原物料，以備不時之需。但又怕生意差，庫存過多；若不囤貨，只能機動向鄰近分店調貨，亦非長久之計。該如何掌握庫存量並解決囤貨問題，是目前面臨的經營難題。（南傳初鹿鮮奶茶坊　劉店長問）

KNOW WHY

廁所和倉庫是餐飲店最易藏污納垢的地方，廁所的重要性容易明白，倉庫卻常被忽略。倉庫是一家店的後勤單位，美國大兵打仗，後勤部隊一定先開拔，甚至軍需工廠都要拉過去，沒有足夠糧草，豈不是敵人打幾顆彈，就要豎白旗了。

你的問題牽涉兩個層面：第一，依賴加盟總部進貨；第二，未落實日常倉庫管理。

加入加盟連鎖體系，是提高開店成功率的選項，但選對加盟總部是關鍵。理想上，總部應是靠建立獨特商業模式、具備研發力持續創新、不斷深化品牌價值等無形資產，做為向加盟主收取報酬的來源。

至於原物料，總部應和加盟主同陣線，找質優價低的供應商；在原物料採購上，總部應扮演介入整合但不投資、不經營的中立角色。

反觀台灣多數加盟總部，和加盟主的關係卻是建立在買賣原物料，加盟主掏錢換來的不是品牌資產，而是設備和原物料。短期內，開店成本可能壓低，但長期來說，當原物料價格劇烈波動，總部和加盟主關係就容易緊張。例如你開雞排加盟店，總部也是養雞大戶，一旦雞肉價格飆漲，你未必能買到便宜貨，但當雞肉價格大跌，總部卻極有可能塞貨給你導致庫存倍增，因為總部一定是站在經營養雞場的立場做決策，他的事業不等於你的生意。

再談倉庫管理，傳統零售業多靠直覺做庫存管理，我建議回歸基本動作，買套市售庫存管理軟體，按物料品項、送貨頻率、安全庫存和營業額使用量等欄目，每天填寫並盤點。另外，**最好把倉庫當人員訓練第一站，從倉庫開始認識產品**，依物料補充頻率、不同分類擺放，熟悉先進先出的取用原則，這些動作攸關倉庫衛生條件、耗損率，甚至營運空間坪效。

開店如作戰，看倉管的後勤定輸贏，也可看出一家店打的是游擊戰還是持久戰。

■小店長這樣想：

「原物料價格漲，要想辦法壓低進貨成本，才能維持獲利能力。」

■大店長那樣想：

「原物料價格漲，該重新檢視倉庫的管理效率，嚴格控制報廢率。」

大店長開講

麥當勞前亞洲區副總裁／李明元

做SOP，第一次就上手

建立標準化作業流程（SOP），是每個店長都能琅琅上口的基本常識，卻總知易行難，因為對一家小店來說，比起按部就班建立繁雜的標準化流程，尋找取巧捷徑可能更吸引人。但李明元強調，練好服務流程基本功，了解每一個基本動作背後的學問，正是服務業的精髓所在。

拖地很容易，簡單的清潔動作每個人都會，但在餐廳，拖地方向應該前後移動，還是左右移動？

在麥當勞的SOC規範，標準答案是左右移動。因為，當你採取前後方向拖地時，可能會因為看不到後面是否有人經過，不小心撞到後方客人；採取左右方向拖地，才不會干擾到顧客在餐廳的活動。

三個步驟，是麥當勞在思考每一道標準作業流程時，背後的思考邏輯。

第一步：拆解服務流程

餐廳服務的六大步驟是：①歡迎客人；②接受點菜；③結帳；④備餐；⑤呈現；⑥道再見。

麥當勞也是依據這幾步驟，細分出各工作站的SOC。

例如，備餐的廚房，分為牛肉漢堡區、薯條區和炸雞區三個工作站，從內場到外場、倉庫，一家店總計約二十至三十個工作站，牛肉漢堡區的SOC內容即為漢堡肉該煎幾秒、中心溫度該達幾度才算熟等標準程序。每個工作站平均有六個拆解動作，總的來說，麥當勞餐廳的SOC多達兩、三百個分解動作。前面提到，拖把該左右拖還是前後移動，即是外場清潔的其中一個分解動作。

建立SOC好處是，新進員工可以搭配錄影帶和書面說明書，進行職前訓練。一個工作站從觀摩、示範到操作，約三至六個小時，就可完全精熟。

第二步：應用科技簡化流程

二〇〇五年底，台灣麥當勞每家店斥資百萬設備，推出「為你現做」（made for you）服務，平均一張顧客的訂餐單，出菜時間只需三十五秒到五十秒，約比以前快五倍，「先接單後生產」的模式，帶來顧客滿意度提升一五％、員工生產力成長七%，與食材耗損率降低三〇%的經營效率。

過去麥當勞廚房備餐，是預估不同時段顧客需求量，將漢堡事先放置在保溫架上，十分鐘後若賣不掉，因食物失溫，悶在麵包裡的生菜配料也不新鮮，就得全部丟棄。如今，備餐效率提高，但廚房卻不見麵包、漢堡滿場飛，工作流程還更簡化，關鍵是來自導入和櫃檯收銀電腦連線的廚房顯示系統KVS（Kitchen Video System）。

KVS有三個螢幕，客人完成點餐後，螢幕上會顯示一張藍色的電子菜單，廚房生產線、加熱暫存區及飲料區的工作人員，就能同時知道有一張新訂單，計時超過八十五秒，電子菜單就會由藍色變成紅色，提醒工作人員應該先完成這張菜單，才不會讓客人久等。

以前，一個漢堡從烤麵包、組合到包裝，全由一人經手，常造成廚房人員奔走張羅的混亂場面。現在，導入科技化的看板之後，「發起員」烤麵包後，「推動員」放生菜、加調味醬，「匯集員」放漢堡肉片並包裝，不只每個人工作內容更簡化，也縮短了人員訓練的時間，還能提供如漢堡不加酸黃瓜的客製產品，同時兼顧廚房作業標準化，與滿足顧客的個別化需求。

第三步：打造獨特服務風格

很多人看到麥當勞、王品等連鎖餐飲體系做標準化，經常落入為標準化而標準化的迷思。事實上，一家店不該為了做SOP而SOP，SOP的目的是呈現以品牌DNA為核心的風格化服務，若只是將SOP徹底落實，和工廠生產線沒有兩樣，顧客亦無從感受被服務的樂趣。

也就是說，拆解流程、導入科**技發展SOP都只是手段，目的是藉此進行團隊分工和合作，發展出滿足顧客需求和期待的服務介面，並將服務提升到體驗層次。**

若以服務流程（Procedure），和顧客介面（Personal touch）的2P，分別做為X、Y軸，愈往右標準化程度愈高，愈往上愈個人化，最完美的服務，是落在兼具理性與感性的第一象限。SOP設計得當，可帶動創新服務，滿足顧客的感性服務需求。

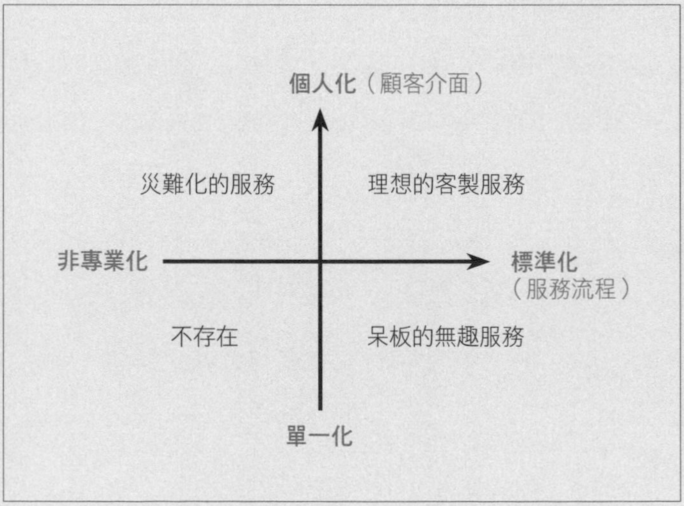

以前，麥當勞櫃檯人員，是單人作業，除接受顧客點餐，點完餐之後，就得轉身取漢堡、薯條和可樂，完成備餐動作，有效率但缺乏和顧客互動，缺乏感性服務。

但如今，轉型為美學風格的麥當勞餐廳，櫃檯改成二至三人的團隊式服務，一人負責點餐收銀、一人取漢堡主餐、另一人準備薯條可樂等副餐。概念來自得來速，顧客把車開進車道，分別在三個窗口進行點餐、結帳、取餐，拆解服務流程建立團隊式服務的SOP，等於往X軸右端再移動。

多人服務的好處是，櫃檯接受點餐同仁不必忙著備餐，心理上沒有壓迫感，空出來的時間，就能專心和顧客寒暄話家常，或回答疑問推薦新品，發展如咖啡館般的熟客關係，進行服務需求校正，並提高點餐率，讓Y軸的顧客介面，能更完整呈現。

櫃檯服務一人變三人，表面上人力成本增加，但服務效率提高，用餐時段排隊時間縮短，備餐正確率也提升了，顧客感受自然佳，所創造的效益，並不會造成成本增加。

服務風格該如何定義，星巴克、麥當勞等美式餐飲，強調半自助式服務，節省人力又有效率，牛肉麵店是否也該效法，引導客人自助回收餐碗呢？

答案一切要回到品牌DNA，因為品牌DNA決定了服務的風格。例如，一家美式漢堡店不管再怎樣演變為舒食、美學餐廳，店內裝潢就算改裝成休閒風格，但顧客對於美式服務快速服務的期待，並不會改變，因為這正是漢堡店最基本的服務風格。

換言之，品牌DNA不僅呈現在販售的產品，同時也要把品牌DNA融入服務流程當中，這樣的產品加上服務，才會形成品牌特色與風格。當不斷往X、Y兩軸下工夫，品牌內涵也會愈來愈豐富，品牌定位、服務風格就不再只是空泛和抽象的口號而已。

〈標準化服務〉的槓桿思考練習

一、服務顧客方式，是靠現場人員的經驗傳承，還是有一套制度化的流程？

二、服務流程標準化，同時有沒有可能也藉由資訊科技的輔助，減少機械性的呆板工作內容？

三、有了流程制度和資訊系統，人的角色又該是什麼？

學分 3
感動服務
講師／李明元

實戰7——搶救翻桌率，先取捨顧客群

暑假期間學生來店喝飲料，常有滿座情況，因咖啡廳沒有限制內用時間，曾有客人點完飲料置物占位，外出一、兩小時後，再回來繼續喝飲料，導致用餐尖峰時段上門的客人沒位子坐，如何在不趕走客人的前提下，增加翻桌率？

（light咖啡　陳店長問）

KNOW WHY

紐約的星巴克（Starbucks）同樣苦惱於遭顧客長時間占位，曾為了不讓店內餐桌變筆電族的書桌，全面取消設置電源插座，引發消費者權益廣泛討論，顯示就算在服務業高度成熟的城市，全球品牌仍得面對此難題。

餐飲服務業經營，必須有所堅持，也要有所妥協。這中間，店家和顧客之間的協調須以社會共識為前提，經營者並據此取捨顧客。況且，沒有一個品牌或店家能夠大小通吃所有顧客，什麼樣的顧客該放棄、什麼樣的顧客值得深耕，雖是殘酷的決定，但因為顧客的管理代表一家店的形象，**顧客面孔加總就等於具體的品牌形象，這是每家店都應要有的策略性思考。**

以麥當勞為例，在台經營二十七年，即曾兩度在考量員工安全、品牌形象與多數顧客經驗的前提下，放棄少數顧客，進行關店決策。

當時有兩家店的餐廳座位，長期遭遊民及無業民眾占據，除影響其他顧客的觀感，門市營運坪效始終難提升。店內屢傳竊案、打架情事，常鬧上社會新聞版面，更對麥當勞商譽帶來負面形象。店長雖多次和管區員警及當地里長協調，但效果不彰，其中一家甚至店經理晚班下班時，遭遊民猛打一巴掌。由於事涉員工人身安全，且品牌形象長時間蒙受傷害，已遠超過賺不賺錢的獲利考量，因此，總部隔天就提前和房東解約，立即停止該門市營運。

回到你的問題，理想上，店家最好能和顧客建立起默契，顧客能體諒店家經營需要，尖峰用餐時間不去占位，店家則在離峰時間釋出善意。至於遇到用餐時間占位的顧客，門市服務人員可在不傷和氣的原則下，委婉勸說或協調對方併桌，讓他清楚認知到，店內尖峰和離峰時間提供的服務不同。

不同業態不同商圈，要抓緊哪一群顧客，店家須有通盤策略思考，有所取捨在先，放軟身段應對在後，才能和顧客攜手創造雙贏。

■ 小店長這樣想：

「『顧客永遠是對的』這句話是做服務業的最高境界。」

■ 大店長那樣想：

「不可能討好所有的人，只能用心經營認同我服務風格的顧客。」

學分 3
感動服務
講師／周俊吉

實戰 8——做「寬服務」，經營「窄客層」

我自創街舞服飾品牌十年，平時透過舞蹈教室、辦街舞比賽或網站進行販售，但現有的宣傳效果不夠顯著，也無法將產品推銷給非舞蹈圈的顧客。在預算有限的狀況下，究竟該透過何種行銷方式，使一般大眾也能注意到我的商品，推廣自創品牌？（MAX street wear 蔡店長問）

KNOW WHY

購買街舞用品的顧客族群較窄，在預算有限的情況下，要擴大客層，首先該做的不是和非街舞族群打交道，而是聚焦在主力客層，且設法讓這群人在你的網站上秀自己的舞藝，達到帶進人氣的目的。初期擴大溝通的目標客層，應該是沒有跳街舞的高中生。假設你的顧客年齡層分布以十五歲至二十二歲為主，主力就是剛通過基測的高一學生。

最不花錢的方法，是將網站改版，建置成街舞訊息的交流平台，提供QA問答，教學生如何自組街舞團體，喚起他們秀自己的動機。如把自拍影片丟上來（平台）等等，供大家點選排名，讓你的網站成為台灣最夯的街舞交流園地。當網站有趣、有知名度之後，非舞蹈圈的人也會進來。對原本的顧客來說，最需要的就是有舞台秀自己，你過去辦舞蹈比賽，雖然可以達到這樣的效果，但成本高，運用網站，比找舞蹈教室和辦比賽省力省錢得多。

當然，不是上網站瀏覽的人最後都會成為你的顧客，有些人最後也可能到別家店去買街舞用品，但只要隨網站瀏覽人數增加，商品訊息被傳播出去的頻率也愈高，總是會有一定比例的街舞族群因此而來買你的東西。

當你搞清楚客人在乎的是什麼，像是提供能帶給他的直接利益，例如，街舞相關資訊交流或是增加自創品牌曝光的「寬服務」時，**客人對你的品牌好感及滿意度愈高，他上門和你交易時，就不再只是看價格**。舉例來說，某一週網站影片點選的第一名穿的衣服，在年輕人同儕模仿效應下，就算多賣一百元，他也願意買。

做生意要想長，忌看短，既然你已經耕耘街舞用品市場長達十年之久的時間，有相當的專業，便應該從教育下手，藉由網路的傳播力，提高消費者的學習興趣、了解及參與，建立你在市場上的專門店地位。

別人沒做的，才是你的機會，這些服務，或許看來和銷售並沒有直接關係，但若從長期的眼光來看，這樣你才能擺脫零售業最不願見到的價格戰紅海，邁步跨進藍海市場。

■小店長這樣想：

「業績要成長，要想辦法爭取那些未曾上門光顧的顧客。」

■大店長那樣想：

「只有不斷提高熟客的滿意度，才能長保業績持續成長。」

學分 3
感動服務
講師／戴勝益

實戰9——先友後客，穩賺達人財

玩相機的人愈來愈多，經營周邊配備的租借服務，從網路轉戰店面，但經營風險高，即便要顧客先付產品售價一成押金並簽本票留存證件，仍有人租借器材後變賣落跑，保險公司也不願承保，因此無法提供跨商圈郵寄租借服務，如何才能把單店生意做大？（鏡頭職人　徐店長問）

KNOW WHY

你可能心急了些，急著想從這群攝影玩家身上賺錢，反而不利業績成長。經營嗜好取向的項目如自行車友、音響發燒迷，顧客群多半是玩家，你該把自己包裝成同樣玩家的角色，而非只關心成交、硬想把東西租出去的生意人。

當店長扮玩家，店面就成了玩家們聚會的最好去處，假日大夥聚在這裡喝咖啡，交換攝影心得，沒有強烈的生意色彩，客人又會帶朋友來。人氣更旺之後，甚至可以在巷子裡就地辦同好攝影展，夜間用登山用的探照頭燈打光，就像汽車音響玩家一字排開比炫，展示行李箱的重低音音箱一樣，非常有趣味，說不定還會吸引媒體前來報導。

最重要的是，這樣建立起的攝影嗜好交流介面，不只從中商機愈滾愈大，你也會變成該領域的頭號達人，一旦闖出達人品牌的名聲，器材商邀你推薦新品，顧客希望你替他出面殺價團購鏡頭、提供專業器材選購建議，或託售二手相機，後半段要賺錢就很容易了。

但你現在的做法和想法，卻是太早介入生意層面。生意色彩濃厚，租借器材動輒要簽本票，會讓這群玩家感覺到，店家的自我保護色彩很強烈，若找保險公司擺出更大陣仗，玩家將更擔心，簽下的會不會是被店家吃定的租賃契約，信任關係破裂，未來遇到居心叵測的顧客，恐怕只會更多。

經營會員或熟客，目的是讓人願意卸下心防和你做生意，當客戶是玩家圈彼此認識的同好，租他器材遭騙的機率幾乎是零，因為，他這樣做等於把自己逐出玩家圈。也就是說，你開店初期愈降低生意色彩，面對的經營風險反而愈低，遠比找保險公司付保費還穩當。

不是所有店做生意都需要先友後客，有些經營女裝網購者，商品走功能、時尚取向，主客關係速戰速決，當然沒有建立玩家介面的迫切性，但如果你想賺的是達人財，這樣做，成功可以不必背負風險。

■小店長這樣想：

「如果可以無店鋪經營，就可以省下大筆的店租成本。」

■大店長那樣想：

「店鋪不是拿來陳列商品，而是和每個顧客談戀愛的地方。」

學分 3
感動服務
講師／李明元

實戰10——服務就像表演，需要不時演練

小型咖啡店是三兩朋友聚會、情侶談心的好地方，但不大的店面，常遇十幾個客人來店聚會，雖帶來大筆消費，卻毀掉小咖啡廳的清雅優閒，有客人氣憤向我們反映，似乎只能道德勸說，面對兩難該如何是好？（布魯日咖啡　楊店長問）

KNOW WHY

順了姑意卻逆了嫂意，無法討所有上門顧客歡心，是餐飲服務業者最感頭痛的問題。這類門市突發狀況，考驗門市人員的臨場反應和EQ，不是光靠標準化作業程序（SOP）的服務原則，就能完美解決。

你要充分認知的是，**既然經營服務業，「服務」本身就是產品的一部分。**就

像煎牛排或調咖啡，一定要反覆練習，才能端上桌。同理，合宜回應客訴的技巧和話術，讓客人情緒不反彈還能欣然接受，也是在做服務，要把「服務」產品做好，難道不須練習？好服務就像一場好表演，也是需要彩排才能有完美的演出。

兩個軸向準備「服務」產品，X軸是標準化流程，Y軸是個人化程度，涉及同理心、服務熱情等感性能力；區分出四個象限的服務方式，用不同教育訓練準備。

標準化低但個人化高的「服務」產品，如面對顧客堅持帶寵物上門，卻導致鄰桌客人不滿；或制止兒童嬉戲，卻可能惱怒消費的父母。

這時，要完美應變，最好方法是將這些真實情境編成個案，在門市人員教育訓練時，以角色扮演的方式練習。而個案劇本則因不同行業和商圈屬性，必須與時俱進進行增刪。比如，寵物對現代人可能比孩子還重要，身障者的消費權益如何周全照料，都是餐飲業門市經營的新挑戰。

捨不得投入這些訓練成本，小客訴可能擦槍走火演變成對簿公堂的纏訟，傷和氣更造成事業經營的額外負擔。

回頭談你的問題，除透過編個案劇本，建立工作人員處理客訴的感性能力，回歸理性層面，還可考慮是否隔出個獨立會議區，就像美式餐廳設兒童遊戲區，從空間安排讓不同客群互不干擾；或者，離峰時段提供團客優惠，把團客和一般客人的消費時間盡可能錯開。

再者，基於做生意的長遠獲利，市場不可能通吃，你必須在客群上做取捨，對目標客群致歉並實質彌補，誠心邀請他再次上門。

■ 小店長這樣想：

「訓練員工標準化服務，卻很難同時兼顧顧客的個別化需求。」

■ 大店長那樣想：

「服務業賣的是『產品＋服務』，產品不只一項，服務也不該只有一種。」

學分 3
感動服務
講師／戴勝益

實戰11——把屈辱當修練，就是服務的開始

定價九十元的連鎖小火鍋店，走低價路線，利潤有限，還常遇到貪小便宜的客人。曾有兩位顧客點了餐，共一百八十元，又加點五百元配菜，吃到一半反映有蒼蠅在店裡飛，雖已表示部分餐點可免費，但顧客卻堅持不付錢轉身就走。遇到顧客抱怨，試圖化解，對方卻不接受，該如何是好？（老上海火鍋　蔡店長問）

KNOW WHY

餐飲業稱吃霸王餐為「跑單」，但以台灣目前的消費者水平，跑單情況可說少之又少，王品集團一個月在兩岸做一百零一萬客生意，跑單件數是零，這

並不是說每個客人都完全滿意我們的服務，而是遇到這樣的客人，機率真的很低。

你的情況有兩種可能，剛好遇到「奧客」；但比較大的機率是，客人用餐過程很不愉快、不斷被得罪，或問題出在環境不夠清潔。這時，店長該做的是深切自我檢討。

顧客會抱怨，是表達他的不滿情緒，只是常常都會發作過頭，但，我還是認為，就算錯在客人，客人終究是客人，要當作自己接受磨練的機會。

有「日本第一女將」之稱的加賀屋老闆娘小田真弓，頂著大學畢業學歷進入旅館業，就從站在飯店大廳被各種客人罵了八小時開始。

國內美麗信花園酒店總經理朱榮佩，還遇過被日本客人當眾呼巴掌；我也曾經親眼看過身懷六甲的店長，跪著被客人責罵兩小時。

你也許會問，開店營生，有必要忍受顧客如此不堪的屈辱嗎？我的答案是，這就是做服務業的必要修養，除非遇到性騷擾或恐嚇勒索。

因為，**吞忍下來，不只修練，更攸關領導力**。

你能承受別人無法忍受的屈辱，店內同仁也會從這一刻起，就開始知道什麼是服務，風行草偃變成企業文化，建立好口碑後換來經營門檻；你柔軟的身段與平日帶給大家的權威感，所形成的反差，日後也會成為同仁尊重你的原因。

不過，承受屈辱以建立經營門檻，前提是先要有對的營運策略。以每客九十元小火鍋的價位，等於兩杯成本不到二十元的平價咖啡，但其實光食材成本就超過五十元，產品和售價不成比例，縱使不會賠錢，但，再怎麼努力，就算生意再好，可能還是很難獲利。

最後，為了要賺錢，只好開始偷料、減料，老闆自認沒賺到錢，當然很難給顧客好臉色看，顧客也就當然不爽，陷入策略錯誤的惡性循環。因此與其失血不如止血，朝合理的營運模式調整，改做兩百元價位的小火鍋。

■ 小店長這樣想：

「開店遇到奧客，除了自認倒楣，還能說些什麼。」

■ 大店長那樣想：

「爲什麼還是有的店幾乎從沒遇過奧客，一定是我做錯了什麼。」

大店長開講

王品集團董事長／戴勝益

有滿意服務再談感動服務

「王品牛排」標榜尊貴，規定服務生須十五度鞠躬；「陶板屋」走日式和風路線，得彎腰三十度鞠躬；「西堤」訴求年輕、熱情，微笑則要露出七顆半牙齒。這樣的標準化服務，卻被視為比不上歐洲餐廳的服務專業。對此，戴勝益認為，提供「客人所需要」的服務，一家店才能永續經營。

如果王品集團各餐廳，都要做到像歐洲高級餐廳般的服務標準，連遞毛巾都比照空姐的形態，我們一定撐不了多久，很快就賠錢關門了。

感動服務要花成本

一客要賣五、六千元非常高級的餐廳，當然可以請得到主動積極、很高素質的服務人員，提供精緻、感動服務，但這要付出極高代價，我們成本有限，一客定價平均五、六百元，十一個餐飲品牌包括計時人員，總共有上萬名服務人員，因應不同餐廳的人力需求，服務人員也需經常在不同品牌間進行輪調。因此，為提供穩定的服務品質，建立各品牌服務的標準化作業流程（ＳＯＰ），絕對是必要的。

多品牌是成就王品集團的重要策略，每一個餐廳品牌都有它的調性（tone and manner），點菜時該說怎樣的話、有怎樣的微笑，都有不同的服務流程ＳＯＰ，也是我們賦予不同品牌的精神。

例如，定價一百九十八元的「石二鍋」，和一客一千三百元的「王品牛排」，服務當然會不一樣，「石二鍋」食材新鮮空間明亮就夠，不可能有像「王品牛排」一般，全程有專人服務。

開一家店，提供的是顧客所需要，先「物有所值」再講「物超所值」，滿意服務永遠是最重要的。很多人談感動服務，但我認為，一定要把感動的成本抓好，**提供那個價位恰如其分的產品和服務，再加上最多的用心，就是感動服務了**。滿意服務是重要的，超出顧客需求很多固然好，但因感動而造成成本負荷太高，很快就會倒店而無法生存。

感動服務要能被管理

好的服務既然和成本有關，因此也要能被管理，這方面，王品集團是看〇八〇〇顧客抱怨電話的統計數字。

從過往的平均值為基準，以二〇一二年為例，王品集團的客訴管理目標，是萬分之二．一四，也就是，每萬客消費的顧客抱怨電話，不超過二．一四通，因為高品質服務等於高成本，我不會以零客訴做為目標，這樣需要多一倍的幹部和三成人力，無法以目前的價格繼續經營。

在王品集團，客訴管理的目標，雖不因各品牌價位不同，而有不同標準，愈高價位的品牌，顧客的要求通常更多；也會遇到用「王品牛排」的標準，來要求「石二鍋」的顧客，我們也只能持續溝通，讓他們知道我們只能做到這裡為止。只要堅定自己的信念，顧客就會慢慢認同你這個品牌要傳達的風格。

每個月，除了營收表現和獲利率，內部也會針對旗下十一個品牌客訴統計，進行排名並公布排行榜，除看「萬分之二．一四」這個管理目標，同樣重視每一個品牌和自己上個月表現的比較，這對各品牌事業負責人，不只是績效的競爭，還有被比下去丟面子的壓力。

管理是管控異常，服務品質的管理也是，但除看顧客抱怨，也要聽他們的讚美。通常，多兩通顧客讚美，就會少一通顧客抱怨電話，我們獎勵每接到一通顧客讚美的電話，該店就獲頒一千五百元獎金，這樣才能激勵同仁無所不用其極想得到顧客讚美，愈是能這樣想，一定能降低抱怨產生機率。

感動服務要可評量

另外，在王品集團的餐廳，顧客用完餐都會被邀請填寫滿意度問卷。每年我們回收上百萬張的問卷資料，進行電腦分析，建立客觀化的評量指標，除做為各店的績效評比依據，也是集團推動服務品質改善的數據基礎。

對王品集團的每家餐廳來說，顧客在問卷上若勾選普通，那服務滿意度就是〇分，低於普通就會被扣分，影響該店服務品質的績效分數。於是，店長都會採取補救行動，對不滿意的顧客窮追不捨，想知道到底問題出在哪裡，以謀求改進之道。

但也曾有顧客打客訴電話表示，因在問卷上勾選某些服務項目普通或不滿意，店長的關切讓他感到不勝其擾。到底要顧客填滿意度問卷，是不是管理服務品質最理想的做法？

我的看法是，這是追求客觀化評量指標的必要之惡，確實很難百分之百拿捏得很好，但這類客訴所占比例極少，與其讓同仁對顧客的不滿意窮追不捨造成抱怨，總比漠不關心要好，至少表示他們真的很在乎。如果一家店連對於被顧客評為普通，都沒有感覺也不會想去追究，不要說感動服務，就連滿意服務，也不可能做到。

〈感動服務〉的槓桿思考練習

一、如果顧客永遠是對的，員工提供服務遭遇負面感受時，我還是只能偏袒顧客嗎？

二、滿足需求是理性，創造滿意度是感性，我的服務風格是強調理性還是重視感性？

三、要讓顧客感動，關鍵在成本投入的多寡，我願意花多少資源投資？

學分 4
店長職能
講師／戴勝益

實戰12──家庭式管理用親切做口碑

在日月潭經營精品旅館，員工約四十人，但招募人才時，新鮮人喜歡往五星級飯店去，即使薪水、福利沒比較差，訓練三個月後，不到半年就離職的情況非常普遍。請問強調服務的觀光產業，人才招募、管理如何更具效率？（晶澤會館陳店長問）

KNOW WHY

五十人以下，或兩百人以上的公司，是最易管理的規模；最難管的是員工總數介於五十到兩百人間，因這個階段，公司要大不大，規模已到領導人無法靠自己的兩眼、兩手掌握管理細節，但若要制度化運作，組織資源又還不足。

你目前只有四十名員工，按理說相對容易搞定，對員工的背景、個性，甚至家裡成員應都瞭若指掌，全員就像大家庭般，不須刻意建立組織架構或細分權責，組織就能運作順暢。

如果在公司規模尚小時，不能進行沒有組織架構的指揮，領導人就欠缺從底層開始接受磨練的決心，能力永遠無法提升。你本身要有「校長兼撞鐘」的拚勁，幹部也是，財務主管兼會計、人事，行銷兼公關、活動，飯店裡大小事，誰看到誰就先做。

從這裡開始，才能完全掌握，從內場到外場共有多少細節和工作量，隨組織擴大再摸索出最適分工架構。怕的是，公司還小，領導人就扮起大老闆，員工還得敲敲門送上簽呈，才能和主管說上幾句話，犯了眼高手低的錯誤。

經營策略定位也和看待組織架構一樣。經營精品飯店立意佳，但必須問自己具備的條件和心目中的境界，是否存在過大落差。

老實說，論地點比服務，小飯店打不過涵碧樓、雲品，但服務業除了比服務，還有另一條靠親切勝出的路線，主打後者：帶入住顧客到員工家裡採茶、編竹籃，或是在飯店的大廳無限量供應米苔目鄉土美食，這是提供紅酒、商務氣息濃厚的涵碧樓做不到的。

走親切路線，也解決員工難找的問題，招募二度就業的年輕媽媽，透過簡單訓練就能誘發她們服務的親切感，家人般的客製化服務，透過客人上網宣傳，口碑很快就出來了。你提供的服務水準假設有六十分，如果比專業，顧客也只給六十分評價，但因為親切，顧客卻會給你八十分的評價。

■ 小店長這樣想：
「大品牌知名度高招募人才才有優勢，小店不易吸引A咖員工加入。」

■ 大店長那樣想：
「用人要看他的優點，別人眼中的B咖員工，我也能當A咖用。」

學分 4
店長職能
講師／李明元

實戰13——打績效評比，別光盯業績

人事部門建立獎懲制度，每月選一名績優員工和劣等員工進行考評，績效劣等員工扣薪，優等員工則可加薪，不過，擔心員工被扣薪而影響接待客戶的心情，導致訂單流失，對公司傷害反更大，但若不獎懲分明，又怕員工爬到頭上來，該如何拿捏才好？（金格公司　林店長問）

KNOW WHY

考績結果招致員工反彈，原因出在評比的方式和指標不能服眾。很多主管輕忽績效管理的複雜度，又過分期待設關鍵績效指標（KPI）的效果，經常選擇易量化的KPI，做為給員工胡蘿蔔或棍子依據，這樣的人資管理看似客觀，但只能算是做了一半，還缺另一半。

就服務業而言，靠量化的ＫＰＩ給獎酬，有三個盲點：一、ＫＰＩ和顧客的真實感受會有落差，即便管理者已盡可能依顧客滿意的構成因素，建立評估指標。換言之，顧客並不會因某家分店、某個員工的ＫＰＩ好或不好，決定喜歡或不喜歡這家店。

二、ＫＰＩ無法顯示出，目標達成過程中的程序是否正當。即光看ＫＰＩ，可能導致員工為求績效不擇手段，例如，某員工一天之內賣出一百份產品，卻極可能是來自誇大或誤導消費者。

三、**ＫＰＩ易導致員工與員工、部門與部門間出現本位心態**。個別部門和員工為爭取達成ＫＰＩ後的獎賞，會把成就自己績效放在公司整體利益之上，但市場競爭不會在乎公司哪個部門的ＫＰＩ領先。

顯然，光靠ＫＰＩ並不足以運作獎酬機制，要彌補缺失，另一半得靠主管透過本身行為示範，建立組織共同經營價值，進而統整ＫＰＩ和客戶感受的落差、連結起部門與部門間的接縫，並拆解ＫＰＩ背後可能存在的不良程序。

如同研究所入學考試，算筆試成績也看口試分數，理想績效評估系統，要建立兼具量化和質化的二元指標，業績數字是「筆試成績」；主管或店長考量

ＫＰＩ盲點，包括員工的服務熱忱、團隊合作以及主動創新等表現，所給予的主觀評定是「口試分數」，綜合判斷做為施予獎懲的依據，才是完整的績效管理制度。

由於經營事業最後仍要拿出數字，筆試成績和口試分數的加權平均算式，可設為前者權數是六、後者權數為四。

■ 小店長這樣想：

「重賞之下必有勇夫，獎懲分明員工才願意拚命。」

■ 大店長那樣想：

「獎勵個人不如獎勵團隊，一家店不能光靠英雄主義成長。」

學分 4
店長職能
講師／李明元

實戰14——管不動員工？找顧客當教練

接手家人經營的寵物店，擔任店長半年，發現在同業密集的夜市商圈，唯有提供親切周到的服務，業績才能脫穎而出。但對一個年輕店長來說，面對比自己資深、店務了解程度高，卻缺乏服務熱忱的員工，軟性勸說仍未能改變其工作態度，該用什麼方法教育資深員工？（寵物百樂園　陳店長問）

KNOW WHY

做為店長，從管理角度，擁有獎懲或解雇員工的絕對實權，但剛接手一家店，各方面都需要既有團隊協助，動輒展現權威，絕非好辦法。顯然這時，建立帶領團隊的領導統御能力，是最迫切的自我挑戰。

可以想見，談店務經營，你沒有資深店員了解；論業績開發，熟客的關係維護也得靠員工撐場面，大家都等著看年輕小老闆有什麼本事；然而，**領導力來自認同感，你必須捫心自問：我有什麼本領比員工強，能讓大家服氣？**

在這種情況下，你可挽起袖子幹活，經驗不足沒關係，年輕人有體力，體力可打敗經驗，當比所有人都賣命，做最早拿鑰匙開店、打烊後最晚走的人；行銷新商品或面對難纏顧客，一定跑第一，展現身先士卒作風。

當你勇於任事的態度，逐漸贏得員工認同，接下來才有本錢推動服務流程的訓練和改造。最簡單的做法，就是讓員工易地而處，從顧客角度審視這家店。你可做顧客意見抽樣調查，找熟客進行焦點團體式的訪談，或把櫃檯前員工和顧客的互動過程拍攝下來，帶領大家一起從顧客立場，提出改善的具體做法。

面對消費者的直接回應，是很殘酷的考驗，但這樣做目的只有一個，就是拿顧客的真實意見，當作提升服務品質的跳板。借用消費者的嘴巴，說道理給資深員工聽，效果一定比由上而下的勸說方式顯著。當店裡形成重視服務品質的共識和文化，也不會再有員工倚老賣老，因為他若這樣做，會害到團隊裡的其他人，團隊的服務熱情就是從這裡開始點燃。

當你沒有足夠實務經驗，而要帶領資深員工，其秘訣就在循情、理、法步驟，先付出勞力，爭取情感認同；再來是勞心，找對說理方法；最後，才是運用店長獎酬實權。一旦步驟錯了，不是員工離你而去，就是你打退堂鼓，團隊戰力很快就瓦解。

■小店長這樣想：
「資淺的員工穩定性差，但資深員工也有叫不動的問題。」

■大店長那樣想：
「人總是有樣學樣，大老的老大心態，是誰教的呢？」

大店長開講

誰說超級業務員一定是好店長

信義房屋董事長／周俊吉

對已在兩岸及日本進行展店的信義房屋董事長周俊吉來說，內部每季一次的「選才大典」，是他工作行事曆上，排序第一位最重要的活動，因為這是信義房屋同仁想晉升成為店長，唯一的管道，重要性如同企業內部的「大學聯考」。周俊吉認為，人才是房仲業的決勝點，培育人才不只是領導人最重要的工作，也是每一位店長最優先的工作任務。

雖然我常說：「有多少店長，開多少店。」但必須考量業種的不同，例如，台積電就不可能有多少廠長才開多少廠。

先展店，還是先培養店長？

信義房屋這樣思考是因為，早年台灣房地產交易使用房仲的比率極低，三十年前甚至還不到一％，而目前國內一年有三十幾萬筆的不動產買賣移轉，其中透過房仲交易的比率估計只有一半。由於市場空間還很大，我們先想到的不是搶同業生意，而是思考如何讓社會大眾接受這個產業，在這個前提下，單一企業成長空間還是很大的，因此，我們才說「有多少店長，開多少店」。

也就是說，究竟該先抓住市場機會，把店開出來再補店長；還是培養好店長，才思考開店計畫，這是第一個前提，完全要從市場的角度看。

例如超商，它可能估計總市場可以開到五千家店，該優先確立的是開店數這個大框架；餐飲行業則是看大市場裡的不同小市場，米其林星級牛排和平價牛排各有需求，如果市場沒那麼大的需求，就算培養許多店長，也未必有那麼多店可開。

其次，是從資金、研發、人才，思考何者對一個行業最重要。

餐飲業或製造業，可能原物料進貨就占大半成本，還有研發技術等；超商經營比的是系統建置的完備度，讓店長在最短時間之內就可以上線，甚至連訂貨、促銷都不必由店長判斷。

但在房仲業，開發什麼物件、簽怎樣的委託，如何提供商圈高、中、低價的產品組合，要和哪些關鍵買方或賣方談，種種影響店務經營成效的大小決定，都和店長有關；同一個店址換不同店長，經營表現也可能差很大，店長角色比其他連鎖店更為關鍵。房仲業的人事成本特別高，至少占經營成本一半以上，所以當然把人才養成當最重要的事來做。

房仲業純粹賣服務，服務來自人，領導一家店的店長，需要較高的完整性能力。因此，店長的遴選很重要。特別是和其他連鎖店不同，房仲服務大部分交易行為不在店內，特別需要店與店之間的資源共享，例如，甲店開發的物件可能是乙店銷售出去，也經常要帶顧客看屋，所以店長之間的合作很重要。我們特別重視「合作分工」，而不是「分工合作」，因為要完成仲介任務，彼此工作有更多交流是絕對必要。

挑店長，靠選才大典

這就是為什麼信義房屋要招募沒有經驗的職場新鮮人的原因。除了傳統房仲業工作習性較不符合我們的期待之外，自己培養新人，彼此建立學長學弟的夥伴意識，合作的理念和對企業文化的共識也較高，交流起來無障礙或官僚化的問題。各店密切交流，若顧客在新店買房子想到淡水換屋，好服務就可以獲得延續。

至於店長產生方式，一年四次進行儲備店長的遴選，每季要遴選出多少店長，不是採限定名額，所以不存在內部競爭問題，也和房地產景氣好壞無關，而是視每批接受審核的同仁，有多少人能夠通過相關能力的門檻，有可能錄取七、八成，也可能一、兩成，遴選出的店長少，就少開店。

程序上，第一階段初選，有意競逐店長的同仁，由直屬店長推薦，再透過對他進行包括鄰店同仁或秘書的三百六十度訪談，形成書面資料送到總公司審查。第二階段複審，則由我以及總經理、總公司三位業務副總、集團人資長、人資部主管共七人，進行口試，評審委員分別給予「A」－通過、「B」－再考慮、「C」－不通過的評價，再進行綜合討論，由團隊共識決定誰通過遴選。因此，雖然我是這家公司的負責人，但可能我給「A」的應試者最後沒通過遴選，投「C」的反而過關。

經由這個程序，從毫無房仲經驗的新人到成為店長，目前在信義房屋的最短紀錄是十八個月。

透過團隊的方式遴選出店長，除較客觀，用不同角度發掘一個人的潛質，也可避免因直屬店長對同仁主觀好惡，拔擢不適任的店長，或讓公司錯失優秀的店長人才。另一個用意是回到強調店長合作的特質，因為，一家店若經營不好，是會影響鄰店的經營績效。

我們是開到第八家店時，才開始實施這套店長遴選方式，店少的時候，很容易看出誰適合出任新店長，當然沒這個必要。雖然說，和一人決策比起來，這個遴選程序缺點是效率慢，但**快不是最重要的，尤其涉及「人」的決策，正確性比快要來得更重要**。

雙軌制，找最適店長人選

房仲業是純服務的行業，因此，對信義房屋來說，人才、品質、績效，是牢不可破的先後順序。人才永遠居首位，有好人才，才有可能提供好服務品質，有好的品質，才有可能產生綿長的績效。這不但是董事會考核總經理績效的順序，也是我們對店長績效的考評排序。

店長是公司最重要的管理幹部，除把關各分店業績，最重要的任務是培養人才，人員成長重於客源、案源開發，好店長要把自己的店變成人才搖籃、培育公司明日之星。

店長沒有業績抽佣，他的工作不是業務開發，因此，需要的是帶領團隊的領導統御能力，和判斷商圈客層轉變的敏感度。基於此，業績能力不是成為房仲業店長的最重要條件，只需中上業績水準就能參加店長遴選。

換言之，不是當上店長，才證明你是公司的優秀同仁。有些人天生是超級業務戰將，希望長期在第一線服務客戶，就適合朝業務專業的經紀人職涯發展。他可以這麼優秀，也許人格特質和多數人不同，可能較不容易理解一般人的工作方式，勉強當店長，對組織和個人都不是最好的選擇。

因此，對於人才的養成，信義房屋提供同仁「管理職」和「專業職」的雙軌制選擇，設計〈成功護照〉，鼓勵人人自我探索生涯路徑。若想朝「管理職」發展，可參加內部開辦的店長育成班提供人員管理、店務管理、團隊經營和教練式領導等課程。走「專業職」，公司也會提供精進業務能力的課程，例如針對豪宅銷售的裝潢學、建築學等，甚至因應個別需求，開設「談判學」等量身訂製教育訓練課程。

〈店長職能〉的槓桿思考練習

一、店長要負責一家店的經營成敗，業績表現等於一家店成敗的全部嗎？

二、對我經營的產業來說，找到合適的店長比較關鍵，還是要搶對時機才能贏？

三、店長不一定業務能力最強，要領導有戰功、更資深的同事，他最需培養哪些能力？

Part 2

店鋪的定位與轉型

跟著蘋果賈伯斯學開店

猜一猜，全世界開店坪效第一高的店鋪，是哪一個知名品牌？蒂芬妮珠寶、星巴克咖啡，還是好市多量販店？答案是賣iMac、iPad的蘋果專賣店（Apple Store）。

根據美國市調機構Asymco調查，二〇一一年，美國地區的蘋果大型專賣店，每平方英尺空間，平均創下了五、六二六美元的銷售佳績（換算每平方公尺，約六萬美元銷售額），每家店年營業額平均達四千萬美元，榮登實體店面以坪效計算，史上最賺錢的零售業品牌寶座。

這份市調還顯示，蘋果專賣店的坪效，比第二名的蒂芬妮珠寶店，足足多出一倍，比排名全美前二十大零售商的平均坪效，更超出六倍之多。傲人的經營績效，就連網路零售業龍頭亞馬遜（Amazon）也已經跟進，在二〇一五年，開設第一家實體店面。

自二〇〇一年一月，蘋果第一家專賣店在維吉尼亞州的泰森角（Tysons Corner）開幕以來，截至二〇一一年底，光在美國，即有三百六十五家蘋果專賣店。每當蘋果新產品上市，引發排隊熱潮創造出的品牌效應，已成為持續壯大蘋果品牌不可或缺的「潮」元素。

然而，販賣電子產品起家的蘋果，憑什麼成為傳統零售通路的無敵霸主？

一手替賈伯斯規畫蘋果專賣店的前蘋果公司零售資深副總裁強森（Ron Johnson），在接受《哈佛商業評論》專訪時，給了這樣的解答：「**蘋果做的既是電腦生意，也是一種關係生意，要真正建立關係，只能靠面對面的互動。這是人性。**」「這說明了零售商店的本質：它必須加深公司與顧客的關係！」

蘋果專賣店的成功基因，如何移植到你的店？

一、顧客關係是命脈

蘋果專賣店的成功證明了，不管電子商務再怎樣發達，實體店面永遠有生存的空間，實體商店仍將是業者與顧客之間，最主要的接觸點。

顧客關係有多重要呢？日本資生堂（SHISEIDO）曾演練發生火警時，公司最優先該搶救的資料，不是現金也不是貨品，而是客戶資料庫。

二、創造交易以外的價值

強森認為，商店絕對不能只是一個賣東西的地方，它必須協助人們豐富生活。如果一家店只能滿足人們對於某種商品的需求，就沒有替消費者創造出任何新價值，「那不過是交易，任何網站都做得到」，最後必然沉淪至價格競爭的紅海。

例如，幫顧客找到一套合適的漂亮衣服，賣的就不只是一件衣服，而是提升顧客的自我形象。因此，蘋果專賣店的店員，從不會向顧客推銷任何東西，他們的職責是幫顧客找到切合需求的商品，解決產品的任何使用問題，也就是創造交易以外的價值，而不是想著如何賣出更多東西。

蘋果專賣店極受歡迎的「天才吧」（Genius Bar），就是從這個概念發展出來的，由最厲害的蘋果達人坐鎮，提供友善的技術支援環境，協助並強化顧客使用智慧型手機的能力，蘋果創辦人賈伯斯（Steve Jobs）甚至把這個創新服務當作絕佳賣點，要求公司法務部門將「天才吧」的命名註冊成為商標。

三、不活在別人想法裡

未成立專賣店之前，蘋果的 iMac 和戴爾、康柏等其他品牌的電腦一樣，堆在連鎖3C賣場和量販店的長長貨架上，等候顧客挑選。一九九九年，賈伯斯認為傳統電腦廠商不懂賣電腦，於是，為加強和顧客溝通蘋果產品的創新功能，提出開設專賣店想法，「要是沒辦法把蘋果的信念傳達給顧客，我們就完了。」《賈伯斯傳》載道。

但賈伯斯當時這個構想，卻被外界視為，不過是再次展現他不按牌理出牌的風格罷了。美國《商業週刊》標題甚至寫道：「或許賈伯斯不應該再這樣『不同凡想』了。」副標更明確指出：「抱歉，史帝夫，蘋果專賣店行不通。」

不被看好的原因之一，是當時電子商務正是時髦的新玩意兒，傳統零售業面臨末日之說甚囂塵上。那一年，亞馬遜網路書店股價飆上兩百美元高點，成為全美那斯達克（Nasdaq）高科技類股店頭市場的股王。

但為何，賈伯斯仍執意拋開零售業的既有規則，打造實體通路？

答案在他那場，極為經典的史丹佛大學畢業演講稿中：「你們的時間有限，所以，不要浪費時間活在別人的人生裡」，「不要被教條困住，這等於是活在別人思考的結果裡。」

學分 5
產品策略
講師／李明元

實戰15——找出「公約數」，打破淡季魔咒

在學校商圈開異國料理店，靠學生族群支持，生意還算不錯。但只要每逢學校期中考、期末考或寒暑假期間，營業額就明顯下滑，該如何解決淡旺季的問題？此外，由於顧客多是學生族群，賣中低價位的餐點無法提升獲利，改走中高價位路線，又會流失既有的學生顧客，究竟如何才能擴大客層？（希臘左巴　何店長問）

KNOW WHY

你陷在傳統行銷思維打轉，傳統零售業切分市場區塊，將消費者分為學生族、上班族或家庭族群，但用這樣的思維看市場，很容易自我設限成長空

間，較佳的方法應該是用「消費者行為」（use occasion），來看顧客的整體需求。以午餐時段來說，不只用價格吸引學生族群上門，從「消費者行為」角度出發，更要思考如何回應商圈所有消費者，在這時段的期待，包括價格、菜單和送餐速度等需求。

事實上，台灣都會區多屬住商混合形態，就算所謂的學生商圈，也不完全只有學生族群在消費，通勤族、上班族或社區住戶都有，他們都是你的潛在顧客。拋開只經營學生族群的框架，你甚至會發現，其實每個用餐時段、甚至每個小時，消費者的面貌都在改變。

我們在速食店觀察到，早上六點到七點，上門的顧客是開車準備進辦公室的上班族；七點到八點是送小孩上學的家長居多；八點到九點湧進通勤族；九點到十點則是做完晨操找地方休憩的銀髮族。

不只考慮上門顧客需求，不同商圈還存在特定時段的外送需求。每個時段的消費族群不同，對應的消費需求和形態，當然也不相同。回頭檢視不同時段的菜單，要遵循「公約數法則」，畢竟你經營的是特色餐廳，要保有清楚的自我定位，才不會滿足新客群卻流失舊顧客。

實際做法是，先找出學生、上班族和社區家庭等，商圈內的所有顧客，消費行為共同交集的公約數；然後再**像同心圓一樣，向外擴散，直到找出最大公約數，構築出從自我特色出發的經營藍圖**。

展現在菜單上，就是以存在最大公約數的明星商品，貫穿不同時段，並發展出午餐、下午茶和晚餐各自定位的主題餐，吸引不同客層上門，產生相互拉抬的效果。如此一來，當你提供的是滿足商圈的全面性服務，必定能打破淡季魔咒。

■ 小店長這樣想：
「做年輕消費群生意的店，要想辦法吸引更多年輕顧客上門。」

■ 大店長那樣想：
「做年輕消費群生意的店，應爭取認同年輕人生活型態的顧客。」

學分 5
產品策略
講師／李明元

實戰16

搶生意，就要出狠招

日式餐廳兼做現炒、火鍋，開業三年來，同商圈知名餐廳愈開愈多，客群分散營利下滑，小月更是無法打平，虧損嚴重。雖然將餐廳自我定位為辦桌形式，但空間不如對手、火鍋比不上隔壁的吃到飽、也沒有九十九元現炒便宜，還要面對夜市搶客人，派人到處發送宣傳單，為何客人還是不上門？（岩禾日式料理　楊店長問）

KNOW WHY

先自我評估三件事：你的店夠不夠獨特、經營心態夠不夠專注，以及每次出招夠不夠兇狠，如果都做不到，得考慮是否出場。

餐飲這一行是「武市」生意，你所處的又是競爭激烈的商圈，若無法建立優勢，練就一身刀槍不入本領，等於是讓自己的城堡門戶洞開，給對手有機可乘。

先談獨特性。菜色、服務或烹調方式，都能呈現一家店的獨特性，以鼎王麻辣鍋為例，它強調獨特服務，店內人員一律九十度鞠躬，用完餐還把湯底加滿，附帶幾塊鴨血讓你打包，帶給客人超越期待的滿足感，也打破其麻辣鍋底是否回收再用的疑慮。由此建立口碑，就不怕顧客不上門，甚至可拒絕訂位服務，只接受現場排隊的客人。

有獨特性後，還要專注、堅持，做到商圈內沒人可比，築起一道對手跨不進來的牆，再經營下一個獨特賣點，這樣才不會失焦、淡化既有優勢，給對手搶走客人的機會。

你提到發宣傳單、折價券，這種行銷做法過於普遍，招數不夠兇狠，如何期待客人上門？

出招狠，許多人想到的是打價格戰，推出低價商品不是不可行，但小心別掉進紅海。速食餐廳常推出三十九元大分量漢堡，但我們高單價商品也沒放手，整體著眼的是M型定價策略，對應市場消費趨勢。且不推則已，既然出招，一定配合發動行銷戰，動員門市能量，務必要成為市場話題。

以你的店來說，**狠招可以是明星商品加量不加價，也可以是整點演出別出心裁的上菜秀**，把台式辦桌文化發揮得淋漓盡致，帶給客人印象深刻的用餐經驗。

你其實清楚問題出在沒搞清楚核心賣點。到底該堅持下去，還是止血出場，另尋合適商圈，避免持續消耗戰力，把上述三件事思考一遍，很快就能找到做出決策的理由。

■ 小店長這樣想：

「顧客求新求變，不只產品多樣化，更要拚便宜！」

■ 大店長那樣想：

「開不成量販店，就只有開專賣店一途。」

學分 5
產品策略
講師／戴勝益

實戰17——換招牌？不如換菜單

經營牛排館六個月，售價一百二十元的主餐附玉米濃湯和飲料無限暢飲，前兩、三個月生意不錯，但後來營業額逐月往下掉，有客訴說品質不穩定、服務不佳，做了店內問卷並改進，仍不見起色，目前計畫重新開幕，不知是否適宜？

（米老鼠牛排館　曾店長問）

KNOW WHY 重新開幕無法保證會成功，不改名或許還有客人上門，一旦改了名，反倒讓客人認為你已走投無路。在餐飲業，餐廳原地改名，重新開幕後若仍經營相同類型店，很少有起死回生的例子。

主打一百二十元牛排餐的低價策略，原本就非常危險，光食物成本就占三成，扣掉飲料、玉米濃湯，能用多好品質的牛肉？對一家新餐廳來說，一開始就走入價格競爭，只會讓自己更無機會靠合理獲利改變經營體質，當品質無法提升，甚至愈來愈糟，只會把客人口碑做壞而已。

其實，低價生意門檻最高，很容易掉入惡性循環。你不妨去了解台中赤鬼平價牛排，為何可以做得那麼好，這家店從逢甲夜市起家，一步步摸清消費者需求，其菜單設計和點菜流程都有學問，讓原本只想上門吃牛排的客人，結帳時都加點了好幾道配菜，成功是靠策略，而不只是低價。

你可以做的是換菜單，把原本一百二十元一客的牛排餐，改成一客至少兩百元，且端出來的新菜要讓客人「三哇」——哇！那麼大；哇！那麼好吃；哇！那麼便宜。就算牛排份量沒明顯增大，至少也要在鐵板上打雙蛋、附送一大盆薯條。**顧客真正在乎的是，吃到的餐價格和質量是否相符，而非一頓飯花費一百二十元還是兩百元**。

換菜單，生意不會馬上就變好，現有的客人還要一個個拉，耐心等口碑傳出去，須付出比剛開幕時更大的努力。根據統計，上門用餐的客人，一個好評價影響六個潛在顧客，但一個壞評價卻會傳到二十二人耳裡。換言之，你要有花三倍時間把生意拉回來的心理準備，這是先前錯誤定位的代價。

另外，牛排店不可以跟牛肉麵店相比，還必須靠裝潢營造氣氛，開店資本、服務門檻都高，連鎖經營才具優勢。長期來看，要不要繼續做牛排店，也應該慎重評估。

■ 小店長這樣想：

「老店沒人氣，甩掉舊店名，改頭換面重新出發吧！」

■ 大店長那樣想：

「改名難改運，該改的是店的價格定位和產品策略。」

學分 5
產品策略
講師／戴勝益

實戰18——多元經營不如緊抓目標客群

本業經營蘭花買賣，去年在蘭花園增設蘭科博物館供人免費參觀，並在禮品區旁開設簡餐店，顧客餐後還可DIY自製蘭花紀念品，但一年來餐廳來店率不高，該如何才能增加客源？（幸福花園餐廳　吳店長問）

KNOW WHY

複合式經營本非理想的經營模式，經營蘭花園或開餐廳，其中一定有一項是你最擅長的，就該集中資源和火力在強項上。這和店的發展資源是否充分無關，就算生意做到跨國連鎖的星巴克，也堅持聚焦賣咖啡而不供應調理簡餐，考量的是簡餐飄出的香味，會影響店內咖啡氣味，失去專業咖啡店的特色和格調。

有別於一般吸引親子共遊，以活動體驗為賣點的休閒農場，餐飲服務是提高顧客滿意度的重點之一，屬服務內容一部分。蘭花園存在一定的鑑賞門檻，上門的主要客群，是以賞蘭同好為主，對蘭花沒有一定程度認識或有相當興趣的顧客，可能進園逛沒幾分鐘就想離開。如此即使你再怎麼提升餐飲服務水準，也不會提高這群人的賞蘭興趣。

既然，餐飲服務未能對顧客的賞蘭經驗創造附加價值，即便提供DIY體驗活動和複合式服務，都很難讓他們留下感動的消費經驗。因此，經營策略上，蘭花園還是要鎖定賞蘭同好為目標客群。蘭科博物館應採收費進園，成為主要營收來源之一；DIY體驗活動與簡餐服務項目則須進行調整，改成只供應咖啡飲品和簡單輕食，最好憑入園門票，就能免費享用一杯現煮咖啡。

免費的理由是，回到經營蘭花買賣的核心本業，如果提供免費咖啡，能讓賞蘭同好延長在蘭花園內佇足停留的時間，仔細欣賞精心培育的蘭花品種，和蘭花園主人或銷售人員有更多討論和交流，一定有助提高蘭花買賣成交機率。蘭花價格高，交易量若因此多一倍，獲利金額肯定比多賣上百份簡餐或好幾百杯咖啡，還要來得好。

忘了顧客最期待被滿足需求的先後順序，是經營者常存在的經營盲點。如在別具休閒氣氛的度假農莊，效法五星級餐廳擺紅酒杯、上豪華排餐，卻沒有秀出具料理特色的在地食材讓顧客留下深刻印象，同樣也是犯了定位失焦、自我模糊賣點的錯誤。

■ 小店長這樣想：

「提供複合式服務，可以一次滿足顧客多方面的需求。」

■ 大店長那樣想：

「若一個賣點都吸引不了人上門，顧客也不會在乎其他賣點。」

大店長開講
麥當勞前亞洲區副總裁／李明元

漢堡店賣飯，錯了嗎？

全球最大連鎖餐廳的麥當勞，在不同國家，菜單內容並不完全相同。印度麥當勞，有賣全素漢堡；德國麥當勞，啤酒是飲料選項；日本麥當勞曾販售泡菜漢堡、豆腐漢堡。台灣則是全球第一家推出帶骨炸雞、米飯類餐點的麥當勞，但創新產品也可能模糊掉麥當勞的美式餐廳風格。李明元指出，以「同心圓策略」管理一家店的產品組合，才能避免過度創新導致的品牌定位失焦。

如果把台灣麥當勞菜單上，總數約四、五十道餐點進行分類，可分成「全球核心」、「區域核心」和「本土核心」三大類，三者的關係有如一個同心圓（見下頁圖示）。

圓心是「全球核心」，代表性產品是在全球各地麥當勞餐廳，都有賣的大麥

麥當勞的產品同心圓策略

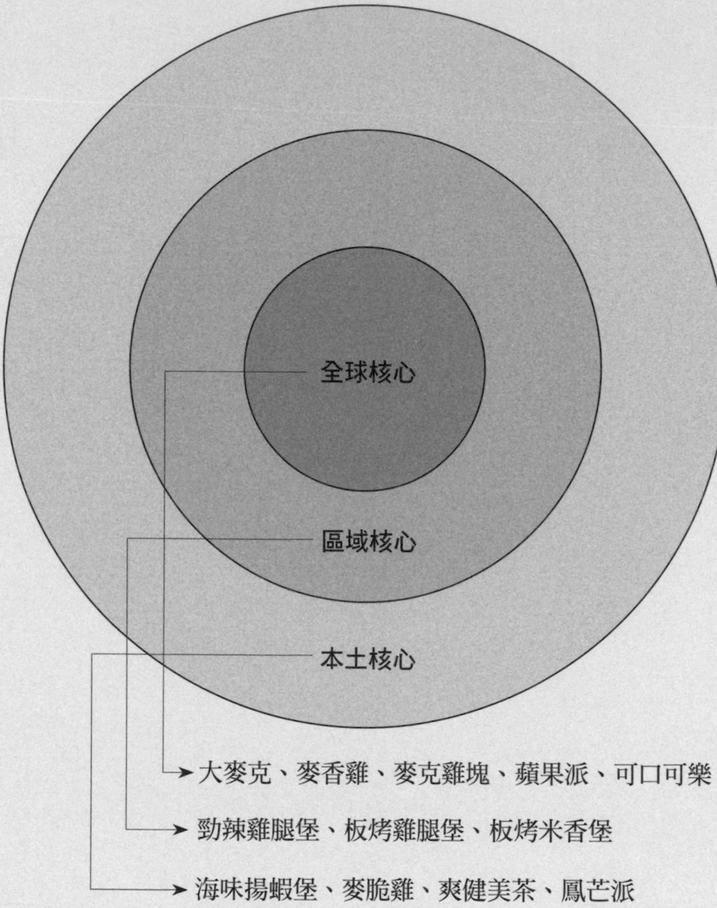

克（Big Mac）、麥克雞塊、炸薯條等。第二圈是「區域核心」，主要有勁辣雞腿堡、板烤雞腿堡等，在香港、新加坡等大中華市場，亦極受歡迎的產品。最外圈是「本土核心」，是台灣麥當勞針對本地消費者需求，或季節限定推出的商品，例如麥脆雞、爽健美茶以及鳳芒派等。

內圈的產品，扮演呈現品牌一致性的角色，讓消費者進到不同國家的麥當勞餐廳之前，就能預期菜單內容和口味，這也是跨國品牌的核心價值之一。

同心圓策略代表開發產品的思維

愈往外圈的產品，滿足的則是在地化的需求，但總不能為了在地化而在地化，每個產品仍要和品牌核心有所連結。舉例來說，麥當勞全球主打的雖然是牛肉類產品，但是台灣人比較喜歡吃雞肉，因此，我們從「全球核心」的麥克雞塊出發，推出帶骨炸雞，並特別研發各種口味的雞腿堡。雖然消費者可能也有豬肉類產品的需求，但因為豬肉不屬麥當勞品牌的核心元素，就不會花太多力氣推出相關產品。

這個分類邏輯，其實就是麥當勞的產品發展策略，也代表我們開發新產品時的思維和紀律。

同樣的，你可以試著將你店裡菜單上的產品，用同心圓的思考進行分類，進一步確認，什麼是你這家店主打並最具代表性的核心產品；每個產品之間，是否存在一定程度的關聯性；而那些和核心產品缺乏關聯性的產品，是不是該進行淘汰，才不會分散顧客對主打產品的注意力，由此發展出完整的產品策略。

同心圓策略的必要性，在於建立聚焦經營的紀律。

我經常觀察到，台灣的餐飲業十分熱中產品創新，甚至創新玩過了頭。但老實說，推出別人沒有的創新產品，確實很有成就感，但創新就像吸毒，很容易上癮，但若一個品牌操盤者或一家店，一天到晚老想推出新產品，這個生意反而很快就會被毀掉。

因為，問題出在，可能你核心產品的潛力還沒完全發揮，行銷資源就分散到其他產品，許多消費者還來不及深度認識你的拳頭產品，就被其他新產品吸引走，如同一輛ＢＭＷ跑車，你卻只當入門的國產車開，經營效率當然不易發揮。

在麥當勞，我們總是緊盯大麥克、麥克雞塊等核心產品的銷售占比，若核心產品占總營收不超過五〇％，我們會認為該產品的潛力沒有完全發揮。一旦**核心產品營收比率出現衰退，則是非常嚴重的警訊，就算只掉一％，都比開發出十個**

新產品的影響來得大。

只有當核心產品的潛力完全發揮，成為一家店主要營收來源，才有條件進入到同心圓的第二圈、第三圈，進行產品線的延伸和創新。

同心圓的產品策略和執行紀律，看似不難理解，卻考驗經營者的品牌戰略與產品戰術能力。台灣麥當勞團隊過去二、三十年，一路上也是跌跌撞撞，犯了許多錯，才從中學習到以下寶貴經驗。

台灣「本土核心」產品輸出到其他國家

麥脆雞、醬蓋飯與板烤米香堡，是台灣麥當勞最具代表性的「本土核心」產品，從品牌發展的歷程來看，「麥脆雞」是拉大和競爭對手肯德基店數差距的功臣；「醬蓋飯」卻是策略失當的犧牲打；「板烤米香堡」則是產品本身成功，但並未創造市場銷售成績的特殊個案。

台灣麥當勞在一九九六年推出「麥脆雞」，在此之前，全球麥當勞的餐廳並沒有供應帶骨炸雞，因為，帶骨的冷凍雞肉需要油炸十六分鐘，才能符合食品安全。要讓顧客等那麼久，在講究速度的速食店，幾乎是沒有辦法做的生意。況且，麥當勞的招牌是牛肉漢堡，廚房作業空間也有限，根本無法同時高效率現做漢堡並提供炸雞。

因此，我們從供應鏈著手，前後花了三年時間，進行新科技的設備投資，研發出供應商出貨時，已是完成蒸烤的帶骨炸雞半成品，進入麥當勞廚房之後，只需花兩分鐘油炸回溫，讓雞肉中心溫度達到攝氏一百五十度，就可以供應給顧客，這牽涉的不只是產品創新，還有生產流程的創新。

但嚴格說，「麥脆雞」也只是市場上一個Me too的老二產品，帶骨炸雞是肯德基的核心產品，但麥當勞因為提供了「麥脆雞」，讓想點漢堡又想吃炸雞的顧客，從此不必跑兩家店，帶動業績大幅成長，從此也逐步拉大和競爭對手的店數差距。這套炸雞的生產流程，後來更被亞洲其他國家的麥當勞採用。

「麥脆雞」一炮而紅，讓經營團隊士氣大增，延續本土化的產品路線，二〇〇二年，台灣麥當勞推出「薑燒牛醬蓋飯」、「咖哩牛醬蓋飯」與「辣茄雞醬蓋飯」等一系列米飯產品，本以為能乘勝追擊，結果卻事與願違，顧客反應不佳，產品壽命僅維持半年。

事後來看，「醬蓋飯」的失敗原因顯而易見，無法以手就口的碗裝食物，和美式餐廳的用餐習慣格格不入，與核心產品也缺乏連結。

「醬蓋飯」雖黯然退場，但留下的創新因子，卻讓二〇〇五年推出的「板烤米香堡」大放異彩，它除成為讓台灣麥當勞既有店，連續三年營收成長率達到兩位數的明星產品；二〇〇七年，這個台灣團隊研發的產品，更被總公司選到全球麥當勞年度大會上，和華爾街股票分析師分享，一度也輸出到香港、新加坡的麥當勞。

但這麼成功的創新產品，為什麼如今台灣麥當勞的菜單上卻看不到呢？

讓一個熱賣的產品下架，不是容易做的決策。我們回頭檢討，發現和其他市場的經營績效相比，台灣麥當勞在核心產品下的功夫還不夠，仍有成長空間，無敵大麥克、雙層吉事漢堡、雙層麥香魚等產品都還沒上場過，麥克雞塊在推出泰式酸辣醬、蜂蜜芥末醬，業績都仍有大幅成長的空間，更證明沒有理由一下就把資源分散到同心圓的外圈產品，於是決定回頭再度扎根核心產品。

或許有人會認為，一家店每天賣雷同的東西，太沒出息，但這是為了長久發展必要的戒急用忍。

在核心產品還沒真正做好之前，我建議可以用季節限定的方式，向消費者推薦新產品，因為，一旦成為掛在菜單上的常態性產品，就會增加行銷資源、原料庫存，以及廚房作業流程與人員訓練複雜化等，有形和無形的成本支出。這個做法的另一個好處是，可以充實產品庫陣容，「板烤米香堡」雖下架，但如同板凳球員，它等待的，是再次披掛上陣的最佳時機。

切記，產品策略是品牌策略的一環，沒有這個紀律，再強的品牌也可能被摧毀。

〈產品策略〉的槓桿思考練習

一、顧客談到我這家店時，最常提起的產品是什麼？這個產品占店多少營收？
二、當我說起自己店裡的產品特色時，能不能用兩句話就講清楚？
三、開店到今天，新增或取消過哪些產品？原因和理由是不是都一致？

學分 6
價格策略
講師／李明元

實戰19——面對包場客，要看長不看短

常有包場或團體聚餐客人，要求以優惠價位供餐，因為低價，就無法端出本餐廳完整的餐點和招牌菜，一旦接這類訂單，卻又擔心客人會以為我們只供應這些東西，下次來也只點這些。我須建立一套聚餐的收費標準嗎？（塘老鴨洋食館陳店長問）

KNOW WHY

提升經營績效，變更商品定價或更動收費標準，是最容易進行的改變，但後座力卻極大，衝擊的是店家的獲利結構和持續營運的口碑。也就是說，在此前提之下，另定與店內菜單差別化的聚餐收費標準，顯然沒必要，也不利餐

廳經營。

來店聚餐的團體客戶，不是不能給予優惠，只是要有所變通。實際做法，雖然不改變餐飲供應定價，但可以回饋給這群顧客折價券，或若干免費招待券，把價格優惠轉移到下一次的消費行為，引導顧客再度上門的意願。或者，免費提供客戶所需的配套服務，例如會議使用的影音設備、贈送小朋友慶生的氣球或遊戲帽等，目的無非都是要**保護商品定價，維持品牌價值**。

道理不難懂，但多數店長在面對團客大單的時候，卻常在價格上接受讓步。原因出在，一般零售業店長經常只看見眼前這筆，對營業額產生立即助益的生意，說什麼也不願輕易放棄，而往往忽略了品牌的長期經營和維護，也就是犯了「看短不看長」的毛病。

更深一層看，問題背後涉及的是，店長如何才能自我察覺到經營上的盲點？

在大型連鎖體系，總部會例行性派出區域主管到各店，除檢視數據化的日常營運目標，更進行顧問式的現場輔導，協助店長突破經營困境，並提供兼顧達成長、短期目標的解答。經驗豐富的區域主管也會提醒店長，一時之間未能察覺的經營盲點，藉以持續改進並提升經營效率。

個人經營的小店，缺乏上一層的管理幹部可供諮詢，但就像所有的經理人一樣，店長也需要長期可以取得管理資源的管道，自我提升察覺經營盲點的能力。如果暫時找不到店長的教練人選，從自己的店抽離出來，到別的商圈看相同類型的餐廳怎麼經營，或觀察其他產業看人家是如何做創新，也都有助於自我突破。

■ 小店長這樣想：

「團購訂單是業績的大補丸，就算被砍點價，也值得爭取。」

■ 大店長那樣想：

「不管團客或散客，售價一律相同，但可以贈送大客户免費招待券。」

學分 6
價格策略
講師／李明元

實戰20——迎戰價格破壞，就靠高人氣

在北市公館商圈開咖啡店，提供原本在東區開店一樣的高品質精緻咖啡，但因消費客層屬性不同，學生為主的消費群對咖啡品質較不講究，附近的連鎖咖啡店和便利商店，又動輒祭出買一送一促銷優惠，搶走不少客人，我該如何穩住並進一步開拓客源？（挪威森林咖啡館　高店長問）

KNOW WHY

有句話說：「戰士沒有選擇戰場的權利。」依你所處的經營區域來看，大半客源是學生、通勤族，選擇在消費者結構如此的商圈經營，就要有面對價格競爭的心理準備。首先要拋開的是，過去在東區鎖定上班族、商務人士為主

的利基市場（niche market）經營思考，選擇貼近大眾市場（mass market），做年輕消費族群的生意，贏面比較大。

既然切入的是大眾市場，就不能避開便利商店和連鎖咖啡店的價格巷戰，但你沒有跟著玩價格戰的本錢，面對便利商店策略性的低價搶客，不要說是個人咖啡店，就連擁有跨國資本的麥當勞，也玩不起便利商店發動的價格戰。

十多年前，日本麥當勞迎戰便利商店漢堡，廣設小型門市推出低價商品搶市占率，最後雖衝高營收但獲利未見起色，更因此失去美式餐廳獨特性，付出品牌特色遭稀釋的巨大代價，成為全球麥當勞經營的負面教材。這個慘痛經驗，帶給麥當勞的教訓是，**面對價格破壞，更要回到自己的戰場！**

回到你的個性咖啡館戰場，鎖定大眾市場卻又要拒絕價格戰，想存活只有一途——讓你的店始終維持高人氣，因為，對門市來說，排隊等待的顧客，永遠是最棒的裝飾物。

根據統計，國人六成的咖啡消費是來自早餐時段，另一個咖啡消費高峰則是下午茶；盤點你的菜單，重新組合尖峰時段的商品，不管是現烤鬆餅還是限量風味點心，設計出一套質或量上，可以和便利商店正面交手的新產品，短期內把人氣聚起來。

別忘了，你的店是老資格的在地咖啡館，知名度是最重要的無形資產，運用心理學「愈熟悉、愈喜歡」的人際吸引法則，趁這回反守為攻之際，**提高顧客回籠與再次上門頻率，增加對這家店產生好感的機會**。這時，就算犧牲利潤也值得，因這並非無謂的價格犧牲打，而是讓生意回到正向循環軌道上，最有力的啟動馬達。

■ 小店長這樣想：

「經營小而美的個性店，才能避開和便利商店競爭的壓力。」

■ 大店長那樣想：

「以戰才能止戰，搶不到人氣，一家店就失去生存的權利。」

學分 6
價格策略
講師／李明元

實戰21——漲價衝獲利，小心逼走老客人

轉業開饅頭店，創業初衷是想讓普羅大眾都能享用養生饅頭，走價廉物美路線，業績亦維持穩定成長。但顧問公司認為單價太低，強力建議把十五元饅頭漲成二十到二十五元，毛利率增加才能讓業務多元發展。但調高售價有違初衷，我該如何面對？（雙喜養生饅頭　劉店長問）

KNOW WHY 對店家來說，換標籤調價格，是讓獲利數字提升的輕鬆做法，但這樣等於走上一條危險捷徑，因為漲價帶來的後座力，必然會讓好不容易建立起消費者對品牌的支持和信任，遭受破壞。

既然，提供價廉物美的饅頭，是你創業的初衷，想必也是因為堅持初衷，贏得消費者認同，才有現在的好成績。如果只是為了想多賺錢就貿然漲價，何嘗又對得起挺你的死忠顧客呢？

確實，提升獲利才能累積創新本錢，持續擴大經營格局，要創造獲利，不外兩條路，一是毛利率不變、擴大規模。另一條路是規模不變，靠產品組合提升整體毛利率，走別無分號的小而美個性店路線。

前者擁成本優勢，後者挾不可取代性，該選擇哪條路，沒有標準答案，但經營者心中都應有定見，這個定見用你的話說，就是「初衷」，原汁原味的初衷，正是事業核心價值所在，沒有改變、放棄的理由。

解答你的問題，除維持原價，走單一產品的規模化路線；另一做法，就是新增單價較高的創新產品，如推出添加國產桂圓養生饅頭，限時限量銷售，定價策略上，毛利率可比基本款養生饅頭高出許多，提升整體獲利率。對消費者來說，只是多了新選擇，仍買得到平價饅頭，亦不違你的初衷。

一家店的產品策略固然重要，但價格策略同樣關鍵。美式漢堡早年進入台灣市場，一開始被消費者認定為中高價餐飲，後來推出套餐組合，既不更動原本單品售價，也滿足消費者的平價期待，同樣是在既存條件下，提供顧客多元選擇，達到店家和消費者雙贏的做法。

面對原物料起漲和增加獲利的期待，經營者總會評估商品漲價的時機，但要牢記，**每次調價等同逼迫老顧客重新估算，從你這家店換到另一家店進行消費的成本**，不到最後關頭或有充分把握，勸你還是先打消漲價的念頭。

■小店長這樣想：

「消費者普遍有東西愈貴愈好的心理，所以，東西賣貴也是一種行銷策略。」

■大店長那樣想：

「任何違背站在顧客利益角度思考的策略，最終都將被證明是行不通的。」

學分 6
價格策略
講師／戴勝益

實戰22——吸引舊客回籠，打折要乾脆

經營古早味美食便當，因家裡因素，去年七月決定暫停經營，如今恢復營業，店名不變，一樣是傳統美食便當的經營形態，僅價格略提高十元，但恢復營業一個禮拜都無顧客上門。如何才能讓舊的客人回來消費？（五年五班古早味美食 洪店長問）

KNOW WHY

如果一切經營條件不變，要吸引顧客回來，最有效的做法就是打折促銷，讓店面出現排隊人潮，這樣路過的人，就都知道這家店又恢復營業了。為達到聚客目的，最好一開始下殺五折，十天後變六折，再過十天打七折，逐漸恢

復定價，就算稍有調漲，消費者也會願意接受。

祭出價格折扣，是因為一般人對於歇業後重新營業的店家，直覺上會認為是經營不善，特別是老店重開，外觀裝潢或菜單內容都沒有改變，老顧客甚至會猜想，接手的老闆是不是沒錢改裝，觀感上只會比先前更差，自然削弱上門消費的動機。

要特別提醒，很多店家老闆做促銷時，吝於提供顧客立即的實質優惠。例如，採買一送一方式，或提供下回消費才能抵用的折價券，吸引顧客多掏錢；租車公司或商務旅館，給予租車或住宿兩天的顧客，第三天免費優惠；五星級餐廳自助餐經常推出四人同行一人免費優惠；髮廊週三洗剪燙五折等優惠，都不是理想的促銷手段。

因為，站在消費者立場，若只是要解決個人的外食需求，買一送一意義不大；週休旅遊行程只有兩天，住第三晚還得再請一天假才行，這樣的優惠，對上班族而言是用不上的；四人同行，可一人免費用餐，三人同行，卻不能享任何優惠；因為時間無法配合，無法在打折期間內去整理頭髮，同樣是上門消費者，卻遭受到差別的待遇。至於，下回才能抵用的折價券，也只是想要消費者再次回來消費的促銷方式。

把優惠建立在和顧客期望值進行對價的關係上，只會讓消費者的心理上覺得不舒服，並因此而產生等待或觀望，可能等符合優惠條件時才去消費，或者在店家沒優惠活動的期間，暫緩消費。

一旦消費動機延遲，顧客就可能轉移到其他店，最終，光顧你這家店的次數一定會減少。

多替顧客荷包著想，你的店自然會成為當顧客只要想到，就願意隨時上門的去處。

■ 小店長這樣想：

「要吸引顧客上門，總是要給點折扣當甜頭。」

■ 大店長那樣想：

「靠降價促銷，也要照顧到先前支持我們的顧客心理感受。」

大店長開講

王品集團董事長／戴勝益

單一價格威力大

「一個品牌一頁菜單」、「一家店鋪一種價格」，是王品集團旗下各餐廳的共同特色（提供咖啡、甜點與輕食組合的「Fammon Coffee曼咖啡」除外），且全年三百六十五天，天天均一價。王品集團董事長戴勝益形容，單一價格的威力就像水刀，當力量集中在一點，就能發揮穿石般的強大切割能力，一家店所有產品集中在一個定價，才容易創造口碑，顧客自然慕名上門。

一九九三年，第一家「王品牛排」在台中文心路開幕，開門營業第一天開始，整家店就只有一個價位、菜單也只有一頁，表面上看起來，似乎沒有滿足到每位顧客的需求，但若想討好所有人，等於沒有討好到任何人。

多年前，王品集團的「藝奇ikki懷石創作料理」新北市板橋店，曾嘗試在套餐之外，提供顧客單點的菜單，原以為這樣可以擴大市場，但最後那家店開不到一年就虧錢關門。

從此之後，更加確定不管高中低價位的餐廳品牌，都貫徹單一價格的定價策略，也不賣商業午餐。情人節、聖誕節等特殊節日，不提供加料加價的套餐，就算是一客上千元的「王品牛排」餐廳，亦看不到服務人員翻開洋洋灑灑的酒單賣酒，增添顧客的額外開支。

因為，「一個品牌一頁菜單」、「一家店鋪一種價格」的策略，有以下好處：

一、完全站在顧客的角度著想

單一價格最大好處是，顧客可以控制預算，因為，「替客人著想就是替自己賺錢」。以「王品牛排」為例，排餐主餐除牛肉，只有魚、蝦和豬可選，統統都一個價格，很多人都會說，有些客人消費得起，可以提供他牛排加龍蝦的套餐，這樣可以賣貴一點，對衝高營業額也有幫助。

但事實上，這是一個錯誤的策略。假設，今天有人領了一筆獎金，要請同事吃飯，如果菜單上都是五百八十元的套餐，是不是會讓請客的人很放心，因為，怎麼點都是五百八十元，不必擔心萬一有人想點六百八十元、九百八十元那一頁較貴的套餐，會超出原先預算。

餐廳沒有酒單，只提供單杯一百二十元的紅酒，也是基於不增加顧客額外開銷的理由，就是不想讓他多花錢。很多提供酒單的餐廳，經常一餐吃下來，酒錢多於菜錢，這樣的餐廳顧客會常常想上門光臨嗎？

另外，結帳的時候，我們不用托盤擺放找零的紙鈔和銅板，而是用信封袋裝妥零錢和發票一起給顧客，原因是結帳時顧客已付了一次小費，托盤上找零的銅板，顧客不是在服務員面前一個一個拿起，擔心被旁人認為小器感到尷尬，就只能眼睜睜看零錢變小費，心理上覺得被勒索，餐廳也等於拿了顧客兩次小費。

多替顧客著想，顧客都會實際感受到，單一價格成為品牌的「差異化的優越性」，所以，王品集團餐廳總是能吸引到想花錢又希望請客有面子的顧客，每隔一段時間就光顧一次。

二、降低食材採購成本

整家店的菜色呈現在一頁，簡單化的效果，則能讓顧客產生專業的信任感。很多餐廳菜單一打開十幾頁，當顧客點到某一頁的某道菜，心裡可能會納悶說：「說不定我是兩個月內第一個點這道菜的人？」懷疑食材是不是新鮮的？

當然，一旦菜單簡單化，後續的食材採購作業也相對單純，採購量集中，加上付給供應商現金，不開支票、不索回扣，原物料的支出費用可以比同業低，具備絕佳的成本競爭優勢。

三、品牌力量的膨脹

產品選擇愈多，其實只會削弱顧客對於主力產品的強烈印象。有些餐廳為了提供大陸來台遊客更豐富的用餐服務，也兼賣起了鳳梨酥，這都不是理想的聚焦策略。

王品集團餐廳不提供酒單，不鼓勵客人飲酒的另一個原因，也是基於這樣的品牌思考，不想被顧客認為是喝酒的地方。儘管少數商務型客人有此需求，但我們考慮的是，週末攜家帶眷上門光顧的顧客，半數以上是不喝酒的女性顧客和小孩。到底要滿足少數商務客的需求重要，還是該優先考量主力家庭顧客的感受，答案其實很清楚。

王品為什麼不賣商業午餐？

一開始經營「王品牛排」時，很多人跟我說：「戴先生，你應該做商業午餐。」我都說不要，就算很多五星級餐廳做商業午餐，我也不做。到今天，王品集團仍沒有一家餐廳提供商業午餐，但定價最貴的「王品牛排」午間來客量，卻比很多做商業午餐的餐廳還多。

不賣商業午餐，是讓大家覺得吃王品是最尊貴的，若顧客趁商業午餐比較便宜才去吃，這樣，豈不是對請客和被請的人，都感到不是被尊貴地對待，也違背了「只款待心中最重要的人」的品牌承諾。

從營運成本和獲利能力推算，做商業午餐也不見得對餐廳經營帶來實質幫助。假設，每客商業午餐的定價是一般套餐四至五成，那麼，中午時段至少就要有一倍以上的來客數，才能創造相同的營業額，這樣一來，服務人力也要增加一倍，但午餐時段很短，來客數不可能多一倍，但人力成本卻增加一倍，當然很難有賺頭。

更何況，顧客不會三天兩頭吃同一家店，他中午剛吃過，晚上一定不會再來，週末全家一起上門消費的機率也降低，不如維持原價，好好服務每位上門的顧客，維持良好用餐品質，才不致自我破壞價格，影響了品牌原本的定位和形象。

〈價格策略〉的槓桿思考練習

一、產品的定價，是站在顧客能不能接受的角度思考？還是先想到有多少獲利？

二、不讓顧客的消費超出他的預算範圍，除了採單一價格策略，還可以怎麼做？

三、顧客經常是先看到價格才感受到價值，有沒有可能讓顧客先感受到價值呢？

學分 7
差異化策略
講師／戴勝益

實戰23——先減法再乘法，小店變特色店

原物料大漲，加上同業競爭激烈，自營傳統麵包店難敵連鎖店低價戰略，也沒有足夠資源裝修店面走高價路線，像法國PAUL麵包店，一個不到巴掌大的點心馬卡龍要價新台幣二百五十元。價位兩極化的麵包市場，自營小店如何找到定位？（山家麥鋪　鄭店長問）

KNOW WHY 每個人都可以用十七字箴言，檢視自己店的競爭力：「客觀化的定位」「差異化的優越性」「焦點深耕」。

麵包，是大眾化食物，市場絕對有需求，並不存在「客觀化的定位」問題。

接下來要問，是否具備「差異化的優越性」？找到差異化，並做出優越性後，則要「聚焦深耕」。怎麼找出差異化？初步你可先做一個月的統計表，分析店內所有麵包品項的銷售狀況，假設共有八十種品項，只保留其中最暢銷的那二十種。二十種恐怕都還太多，其實就是八〇／二〇的「大數法則」，即店裡八、九成的業績，來自兩成品項的概念。因為你無法滿足所有的客人，也可能有客人喜歡吃苦瓜麵包，就算做三百種也不夠。

太多麵包店老闆都站在自己的角度，認為能做愈多種類的麵包表示自己的技術愈好，所以**不敢減少品項，但，這剛好是最大敗筆**。關鍵在於，他並不是用顧客的角度在經營。

不要做那些客人不需要的東西，也不要放他們不想買的產品，這些都足以破壞客人進來的興致。六十幾種麵包、西點擺在店裡，每種各擺幾個，不僅占空間又沒賣相，以至於暢銷的波蘿麵包，只能擺出十來個，也因不專，客人反而不想買更多。

改專做某幾種麵包，反而能降低售價，因為不需分攤六十種麵包的成本。

先「減法」然後再發揮「乘法」效應，光減少品項還不夠，還要把最暢銷的波蘿麵包、炸彈麵包，體積加大二〇％、改包裝，但價格只加一點，這樣就有優越性了。

最好，還要讓烤麵包的香味適度飄到人行道，吸引路人；甚至換掉陳列架，改用大籃子裝剛出爐麵包，趣味感就出來了。順便賣霜淇淋更好，不是靠霜淇淋賺錢，而是對小孩子產生吸引力，帶大人進到店裡消費，賣場會更熱鬧。

差異化可表現在許多方面，例如兄弟飯店附設的麵包坊，它選用材質較佳、光亮又平整的塑膠袋，麵包裝袋立著，不會東倒西歪，便於客人拎著就走，也是一種「差異化的優越性」。

■ 小店長這樣想：
「不創新必亡，產品推陳出新的腳步不能停下來。」

■ 大店長那樣想：
「不創新必亡，產品、服務、裝潢、內部管理，都要推陳出新。」

學分 7
差異化策略
講師／李明元

實戰24——要捍衛藍海，就要殺出紅海

經營西式餐廳，客單價約二百五十元，頭兩年生意不差，後來出現類似菜色的競爭者，來客減少，開始出現虧損，改推中西式百元套餐，簡化服務流程採半自助式，但客人反應不佳，營收也未見成長，轉攻平價市場的策略錯了嗎？（廚風歐陸料理　溫店長問）

KNOW WHY

很顯然的，競爭對手未出現前，你靠著提供商圈內差異化餐飲，搶得市場藍海先機。不過，當競爭者跟進分食，藍海很快被染色。後來，你選擇轉戰消費門檻較低的平價餐飲，但卻面對更多競爭者的紅海戰場，除非有本事建立

規模化經營優勢，否則最後只能靠低價才能勝出，營收獲利難見起色，是早就可預見的下場。

也就是說，一開始生意好，是因為成功搶占新藍海，但天底下沒有一家企業或產品，能永遠停在藍海，藍海早晚一定會被染紅。經營一家店亦是如此，因此，要迎接的挑戰是，如何在藍海和紅海間成功轉換，不僅要具備經營藍海商機的創意，也要有本事在紅海殺出一條血路，築起競爭對手怎麼都攻不進來的銅牆鐵壁，才能維持不墜的續航力。

既然，面對競爭是常態，經營者要思考的是，一旦競爭者出現，就要設法進行評估。商圈內商機會被對方稀釋的可能性有多少，並根據對方店裡的來客人數和翻桌率，試算出競爭者扣除店租、人力以及食材等成本，所存在的獲利空間。據此判斷若發動短期價格攻勢，對手回擊的能力和持續力。而針對對手也提供的特定品項，祭出強力促銷方案吸引顧客回流，最好一舉就能殲滅競爭者，或者逼迫對方豎起白旗，提早轉向發展其他產品，把藍海商機奉還給你。不到最後關頭，我方沒有自行棄守藍海，轉戰平價紅海市場的理由。

另外，**當占領藍海市場時，店內要有危機意識，把賺取的獲利用來構築長期不易被超越的門檻**。這門檻包括既有產品升級，以及推出新產品，但最忌失焦，核心的餐飲概念若是西式料理，店內就不應出現中式套餐，每個產品都是圍繞在一個同心圓，衍生出的不同品項。

餐飲業進入門檻相對不高，一旦出現藍海商機，很快就會引來期待快速回本的競爭者加入。因此，占領藍海還要能勝出紅海，才是真正贏家。

■小店長這樣想：

「景氣差顧客荷包縮水，走平價化路線才能生存。」

■大店長那樣想：

「經營低價市場門檻最高，因爲，顧客不止要便宜還期待奢華不可少。」

學分 7
差異化策略
講師／戴勝益

實戰25——沒錢做行銷？就靠演講和得獎

我開的是巧克力甜點專賣店，店的地點遠離商圈、缺乏過路客，透過網站、臉書（Facebook）等方式做宣傳，卻未見明顯成效；想委託專業行銷公司規畫，成本又太高。創業初期的預算有限，該怎樣提升店家知名度？（七見櫻堂巧克力甜點專賣店　施店長問）

KNOW WHY

賣巧克力只有三種成功方法，純度高、新鮮，以及在前兩項基礎之上的形象包裝。甜點若沒故事就會賣不出去，埔里人氣點心店十八度C巧克力工房，以及萬里亞尼克菓子工房，都有類似成功因素。

我認為，最好的自我行銷就是「得獎」加「演講」。還有，凡事至少要深入一萬個小時之後，再談成功，不然都太過急切。

舉贏得世界麵包大賽冠軍的吳寶春做例子，很多年輕人佩服他，但大家沒有看到他當學徒，晚上睡在麵糰的工作檯邊，老鼠從他身上爬過去的那一面。為了得世界麵包冠軍的獎，他想到把桂圓加入歐式麵包；他以前走在路上低頭不敢直視別人，因為存活的決心很強，有成功壓力，一直想如何說服別人，不斷去想，說故事能力就會被逼出來。現在他到處演講，變得極有自信，且超會講故事。

像他在高雄開店，店裡賣鳳梨酥，雖和歐式麵包不搭，但他告訴大家，小時家貧，母親常去後山摘鳳梨入菜充飢，因此，從小就痛恨鳳梨，認為鳳梨是貧窮的象徵。不過出外打拚，逐漸體會母親用鳳梨養活一家人，鳳梨是他這輩子的恩人，因此，自己的店一定要有鳳梨酥。

演講可訓練組織力，盤點自己有哪些優點。你可從糕餅公會、社區大學或母校開始，只要爭取，不怕沒機會。

為了這場演講，你會開始印吸引人的名片、想該怎樣介紹自己的店，你會蒐集資料、組織概念、反覆排練，一個禮拜都緊張到睡不著覺，這就是自我成長的開始。我甚至主張，創業或當店長的人，每個月至少要爭取兩場演講機會，一年下來一定脫胎換骨，帶領下屬也更能清楚溝通你的開店理念。

最好的行銷包裝是企業文化包裝，其次是策略包裝，最後才是活動包裝。

我不同意產品自己會說話，產品不會取代你的風格和理念；對內領導、對外分享一定要靠嘴巴，扮演「技術好」的「行銷人」。

■ 小店長這樣想：

「只要努力把品質做到最好，好口碑就會傳出去。」

■ 大店長那樣想：

「產品是經營理念的呈現，因此傳播經營理念也是開店時工作重點之一。」

學分 7
差異化策略
講師／戴勝益

實戰26——開店看學歷？不如比企圖心

居住的桃園八德，一年就新增近十家屬八大品牌的房仲公司，想開仲介公司，創業計畫也早寫好，但自己除是企管系畢業、擁有地政士執照的專業，較其他店長稍佳外，並無任何差異化策略。在此情形下，如果要開店，適合嗎？（康居地政士事務所負責人　李先生問）

KNOW WHY

如果你想開的是個體戶房仲公司，以目前國內房仲市場的成熟度，我認為成功機會不大。企管系學歷和地政士執照專業，也無法替客戶的交易安全，或成交效率帶來太多加分。唯一存在差異化的，是你比許多同樣從事房仲業的人，擁有想創業的企圖心。

可行做法是，選擇形象良好的房仲品牌，成為該體系旗下加盟主，從這裡展開新事業。

房仲業和餐飲業不一樣，因房仲業替客戶處理的，是他一輩子最高單價的資產，消費者或許會找風格獨具的餐廳嘗鮮，但絕不會委託一家個性店，處理買賣房子的大事，這好比人們搭飛機，一定先選聲譽卓著的航空公司一樣。

品牌形象已成為經營房仲業核心價值之一，如今市場的領導品牌，亦建立起人才與資訊化的經營門檻，大者恆大是必然趨勢，貿然開獨立店，形同逆水行舟，開柑仔店（指雜貨店）和7-Eleven較量，雞蛋碰石頭機率非常高。

並不是說消費者一定認同連鎖品牌，要視能否帶給消費者實質利益而定。例如，在台灣經營汽車維修，就不見得要加入連鎖品牌，師傅獨立開店存活率很高，我自己的車就是給老師傅保養，一通電話到府牽車，費用又比原廠便宜，既省時也省錢，當然容易被消費者認同。

回頭看房仲業，消費者在乎的是交易安全，最怕買到海砂屋、凶宅，期待房子愈快賣掉愈好。加入加盟品牌體系，**你解決消費者的信任問題，就可把精力集中在業務面和服務面，發揮創業的企圖心。**

因為是加盟店，經營彈性比直營店大，尤其在服務面上創新，不但為總部所樂見，更可逐步建立差異化。例如，與清潔公司異業合作，把賣方的房屋打掃得乾淨，房子賣相自然佳；看屋時安排賣方衣著整齊、最好全家人一起現身，贏得買方好感，提高成交率。

當第一家店經營上軌道，複製成功經驗到第二、第三家店，到那時候，你的企管系學歷就要派上用場囉。

■ 小店長這樣想：

「市場還沒被滿足的需求，就是發展一家店的差異化商機。」

■ 大店長那樣想：

「服務業成功關鍵在人，最重要的差異化在經營團隊本身。」

學分 7
差異化策略
講師／戴勝益

實戰27——親訪百店求心得

從咖啡店的基層工作開始，去年底自營個性咖啡廳，希望以精緻咖啡餐點、優閒舒適的風格吸引客人，無論是咖啡豆、糕點食材、咖啡機器等，無不精心挑選。但因位在北市永康商圈，面對高經營成本，勢必得節省各方面開支，卻和講求品質的經營理念相衝突，如何兼顧理想與現實？（小米酒咖啡廳　江店長問）

KNOW WHY 你必須重新盤點什麼是該堅持下去的經營理念？你自認的優點，是不是消費者眼中的優點？

提供精緻餐點、堅持用好機器都沒錯，但或許這只是你一廂情願，認為一家好咖啡廳該具備的優點；然而，從顧客的角度看，他可能無法感受到你買最貴咖啡機所帶來的驚喜感；或者，餐點固然精緻，卻了無新意。

經營者若不能放棄本位思考，就像有些父母愛在人前誇讚自己小孩般，心態就失之客觀。

拋棄本位思考，最快的方式就是親自走訪五十、一百家咖啡店，如果能走到國外更好。若在國內，不止店長自己訪，全體員工也要做這件事，甚至把訪店和員工福利、教育訓練結合，用福利金補助大家月訪一家店，並輪流簡報，分析他店優點。

永康街有家叫冶堂的茶館，藏身巷裡舊公寓，沒有華麗裝潢甚至找不到招牌，以前客人上門還得打電話給老闆，才見他騎腳踏車姍姍來遲開店，現在卻高朋滿座，就是靠免費奉上極品茶帶給顧客驚豔，經營出好口碑來，但附近店家卻未必留意過。

有趣的是，把訪店當作全員訓練計畫，基於競爭心態，人人都想表現獨到見解，拿出來分享和交流的店家，絕對不會是隨便看來的店。反覆討論訪店心得，雖衝擊原本的開店想法，但會愈來愈清楚，多數顧客如何認知一家店的優點，且一旦要調整經營策略，全店上下也容易形成共識。

訪店並非只是去別人店裡消費，要有業務員陌生拜訪的精神，出發前鼓起勇氣和對方聯絡上，訪店當天，一定要和這家店的店長或主廚說上話，了解對方開店想法，這樣才能真正發掘出這家店為人所不知的經營眉角。

我的經驗是，人們都禁不起別人稱讚，當表明是慕名前來的同業，放下身段學習，幾乎沒有店會拒絕或不歡迎，關鍵在於你是否願意敞開心胸，給自己這樣的機會。

■ 小店長這樣想：

「潮店、潮人、潮物，是個性化時代開店的新思維。」

■ 大店長那樣想：

「我認爲的好，也要是顧客眼中的好，才不會只是自我感覺良好。」

王品集團董事長／戴勝益

這樣開店，當然會倒

二〇一二年兩岸營收挑戰百億元大關的王品集團，旗下擁有十一個品牌，產品涵蓋從五十元的平價咖啡，到每客一千三百元的高價牛排。「客觀化的定位」、「差異化的優越性」、「焦點深耕」，是王品集團進行品牌定位，以及檢視產品競爭力時，奉行的十七字箴言。短短的十七個字，卻是戴勝益歷經一連串失敗，付出血淚代價換來的經營心得。

跨入餐飲行業之前，我經營過遊樂園，開過辦演唱會的活動經紀公司，最後都是認賠出局，就算後來投入餐飲事業，虧錢的生意也沒少過。從一九九三年在台中文心路開出第一家「王品牛排」迄今，因為經營策略錯誤，落得失敗收場的，就有「全國牛排館」、「外蒙古全羊大餐」、「一品肉粽」、「Porterhouse

Bistro」、「聚火鍋」、「打椒道」等，六個餐飲品牌。

除比王品牛排稍早開幕的「全國牛排館」，因走吃到飽路線，吸引多半是想試探自己胃口究竟有多大的顧客上門，非能長久經營的事業，在不敵食材、人事的高成本壓力下，最後不得不關門。王品集團從失敗經驗學到的教訓是，「客觀化的定位」、「差異化的優越性」、「焦點深耕」，一個品牌若不能兼具這三個成功要件，缺少其一，都毫無機會在進入門檻不高的餐飲市場勝出。

以王品集團旗下的平價火鍋「石二鍋」為例，由於全台灣估計有五千家以上的小火鍋店，餐飲市場隨時都有想吃火鍋的顧客，因此，賣火鍋料理即具備「客觀化的定位」。

「差異化的優越性」指的則是，「石二鍋」和其他平價涮涮鍋不同，除首創先炒再煮的個人懷舊石頭鍋，呈現開放廚房和戴口罩的服務人員，每客定價一九八元，還使用經過認證的肉品，提升平價消費的衛生和品質水準。

「石二鍋」開到第二十家店才轉虧為盈，但經營團隊仍堅持創新、平價、超值的定位，這就是「焦點深耕」。

屢敗屢戰王品倒店學

回頭看，一九九五年我們成立的「外蒙古全羊大餐」餐廳，用十七字箴言的三個成功要件檢視，市場原本就存在一群想吃風味餐的顧客，「客觀化的定位」有之，但敗在缺乏「差異化的優越性」。

當時我們剛從經營遊樂區出來，幾乎把餐廳包裝成遊樂區，引進外蒙古摔角選手現場表演、提供駱駝給小朋友騎，還開放讓大家餵羊，一開始雖造成轟動，但「餐廳」兩個字，「餐」在前，代表食物好吃最重要，這些和餐飲本質無關的噱頭，後來證明只是帶給顧客一時新鮮感，新鮮感一過，業績立即下滑，根本無法長久經營下去。

也就是說，搞現場表演的差異化玩得太過火，讓「差異化的優越性」變成「差異化的憂鬱性」，優越性是要得到所有顧客認同來證實的，而不是經營者覺得自己與眾不同，就沾沾自喜，成了走火入魔的「憂鬱性」。

一九九七年成立的「一品肉粽」連鎖系統，失敗原因同樣是缺乏「差異化的優越性」。本土化餐飲有基本的市場需求，「客觀化的定位」可以成立，但產品本身卻很難變出新花樣，很難做出和別人不同的差異化肉粽，當然也不具任何優越性。

就算「客觀化的定位」、「差異化的優越性」都做到了，但英雄氣短後繼乏力，也成不了局面。二〇〇一年在美國比佛利山莊開設的「Porterhouse Bistro」牛排餐廳，即是如此。這家餐廳在網路評比，曾是美西最受歡迎的牛排餐廳，但當地開店成本極高，每客平均單價僅三十多美元，原本規畫若美國能經營起來，下一步還可以到東京、巴黎展店，但開業三年仍入不敷出，根本無法「焦點深耕」，最後證明只是一場賠了上億元資金的黃粱夢。

二〇〇三年進軍中國的「丰華火鍋」，賣的是全中國火鍋業者都會做的一般涮涮鍋，撐了七年之後退出市場，檢討起來也是缺乏「差異化的優越性」。因此，二〇一二年四月，王品董事會才通過由「石二鍋」，成為再次打進大陸餐飲市場的火鍋品牌。

雖說，這十七字箴言是王品經營團隊，在分析、決策任何新品牌計畫，是否可行的檢視標準，但經營團隊在做判斷時，仍可能存在盲點。

二〇〇八年底王品集團在台推出的「打椒道」，以為把當時大陸人氣最旺的乾鍋料理（沒有湯的麻辣鍋概念，以各種蔬菜、肉類，拌炒薑、蒜、乾椒等辛香料，口味香辣卻少了麻辣火鍋重油重鹹）引進台灣，應該也會受到歡迎，但沒有想到當時竟連「客觀化的定位」都沒思考清楚。因為，事後證明，本地顧客並不認為這是在吃火鍋，也不習慣大家的筷子在平板鍋上共舞，市場不接受只好承認失敗，開幕兩個月後就認賠關店。

經營一個品牌，十七字箴言若都做到，不保證一定會成功，但可以降低失敗率；若能做到極致，品牌絕對會成功，除非是出現類似「打椒道」的錯誤判斷。要避免判斷錯誤，最好的方法就是「走百國、訪百店」。視野是培養差異化能力的汽油，經常觀摩被許多顧客認為口碑好、評價佳的名店，都有助找出真正具市場價值的差異化。

除此之外，王品集團每個月還會邀請各行各業傑出人士，擔任「王品之師」到公司內進行演講，十多年來累積已超過四百位的王品之師，他們不只談成功也分享失敗經驗，等於替王品人戴上各副不同的人生眼鏡，不僅促進大家的學習力與競爭力，更能導引出與王品共同成長的最佳策略、方向及價值觀。

〈差異化策略〉的槓桿思考練習

一、多數創新的好點子，大家都想得到，為什麼只有少數人能把它執行出來？

二、創新才有競爭力，我這家店提出的創新，別人學不來的地方是什麼？
三、顧客不一定說得出需要怎樣的創新，該如何從他們的一舉一動看出新商機？

學分 8
轉型策略
講師／周俊吉

實戰28——賣達人服務，社區店新生路

自營三十一年的家電行，近來生意遭大型連鎖賣場和網路拍賣嚴重瓜分，獲利大幅下降，只能靠安裝和維修為生。但因自己年過半百，體力大不如前，無法像過去一樣，一天安裝四台冷氣，或背著大冰箱爬上老公寓四樓，粗重的安裝工作只能仰賴一名年輕員工處理，人力嚴重不足。我如何在連鎖、網路通路夾殺下維持穩定獲利，同時解決人力不足的問題？（聲寶家電　鄭店長問）

KNOW WHY

做生意，講的是「衡外情，量己力」，也就是，要衡量市場的趨勢，並評估自己的實力。

你經營家電行時間長達三十一年，是這一行的資深店長，體力稍差雖然是不利因素，但是維修經驗豐富，加上長期建立的老客戶關係，卻是你的絕對優勢。

許多家電用品因為維修不便，只要稍有故障就被丟棄，但現在人們愈來愈重視環保觀念，你若把這些舊家電修復，轉型成為社區的二手良品家電行，就像TOYOTA經營二手車的業務一樣，售出的二手商品也同樣提供保固服務；鎖定租屋族或學生族群，建立品牌口碑，獲利率一定比賣新品高許多。甚至還可以考慮收一、兩個徒弟，把維修家電的技術傳承下去。

把「安裝」和「維修」這兩項業務核心拆開來看，能搬運、會安裝的人比較多，這個部分你可以去找計時員工，或者和搬家公司異業合作，用按件計酬方式解決人力需求的問題。但要把家電產品拆開並修復，特別是像你這樣，擁有幾十年經驗和手藝的「達人級」師傅，卻是愈來愈少。

因此，就算沒打算將老店轉型專賣二手物品，日後若能承攬大型家電行的維修生意，也是不錯的業務方向。因為不會有一個在連鎖體系工作的上班族，擁有三十一年維修經驗，而網路拍賣者的維修能力更幾乎等於零。

傳統上，開店當老闆的思維，就是賣東西賺價差，但是某些開在社區裡或小商圈的單店，**在大型連鎖賣場和網路拍賣逐漸成為主流通路的夾擊下，如果想的**

還只是如何進貨便宜、拚業績銷量，一定不可能存在經營優勢。

這時，你就必須改變心態，了解自己的長處，以及目前在市場上的賣點是什麼？例如，附帶維修服務的家電行、家具行、腳踏車店，清楚地定位自己是這一行的維修達人，不單單只是賣產品，更要賣服務，說不定會因此而開啟人生和事業的第二春。

■小店長這樣想：

「老店的資產，是老主顧的人脈關係，和服務的口碑。」

■大店長那樣想：

「老店拚價格打不過大型通路，要有全新的獲利模式。」

學 分 8
轉型策略
講師／周俊吉

實戰29——打破商圈框架，抓住長尾財

經營快速沖印店逾二十年，除沖印、照相服務外，店裡也銷售相關商品，全盛時期曾創下單月營收近百萬元紀錄。然而，數位相機問世後，相片沖洗需求劇減，如今營收只能支付租金及薪水，一直苦思突圍的永續經營之道，該如何是好？（國寶快速沖印 蘇店長問）

KNOW WHY

台北市中山北路有家創立於民國十七年的「林田桶店」，即使笨重的木桶早已被輕便價廉的塑膠桶取代，但因保有木桶製作的工藝，並努力成為該行業最後倖存者，現在生意依舊很好，賣的已不是日常生活用品，而是懷舊商

品，甚至還吸引日本觀光客上門。

沖印店很可能也會步上手工木桶這一行後塵，成為早晚要消失的行業。你必須自我盤點：除靠操作電腦沖印外，是否有獨特技術或能耐，如洗出特殊規格或絕佳品質的相片。有無比同業更有資源和本事，打馬拉松式持久戰，成為方圓數十公里內最後一家屹立不搖的沖印店。願不願意跨出熟悉的街廓商圈，甚至前進網路市集開設線上沖印店，擴大顧客群。

還好，比起木桶店，沖印店至少還有二十年生存光景，因目前五、六十歲的這群消費者，喜愛實體照片勝過數位相框，仍有沖洗照片習慣，就算便利商店提供沖印服務，他們還是相信沖印店的輸出品質。

換言之，市場對專業沖印服務的需求仍在，只是總量減少。回到經濟學的供需原理，結束沖印店改經營其他有發展潛力的行業，亦是理性抉擇。但若想繼續營運，控制成本、經營熟客，成為倖存者只是第一步，因為，既然市場大餅未來只會更小不會變大，務必還要打破商圈框架，發動價格戰、提升服務品質都好，全力將鄰近商圈的沖印店逐出市場，你才有機會承接更大分母的顧客群，從中抓住一定比例長尾商機，當作永續經營的目標市場。

但如同台北碩果僅存的木桶店，靠的是工藝和技術，最終，你**還是要回到經**

營核心，是否具備同業所不及的獨特能力。多數快速沖印店仰賴自動判讀的電腦，不具技術含量，就算過去每月曾創下百萬業績紀錄，也只是證明當時賺的是機會財，犯了把客觀有利條件當作是自己能力的錯誤。

■ 小店長這樣想：

「延長夕陽產業的生命，可以考慮轉型賺懷舊財。」

■ 大店長那樣想：

「經營環境變化難掌握，能操之在己的是專業能力不斷成長。」

學分 8
轉型策略
講師／李明元

實戰30——建經營平台，要與情感連結

我在永和開眼鏡行，定位在中高價位，平時雖透過免費保養經營熟客，但商圈顧客多為軍公教族群，收入穩定，消費心態卻十分保守，兩到三年才上門換購一副新眼鏡，商品換購週期長，我如何提高營業額創造獲利來源？（艾可兒眼鏡陳店長問）

KNOW WHY 傳統行銷學談「4P」——產品、價格、通路與促銷（Product/Price/Place/Promotion），但處在現今的商業環境，零售服務業單靠推新產品或殺價搶客，力道已顯不足，必須打造新的P，Platform（經營平台），才能展現經營續航力。

什麼是經營平台？以速食業為例，不只賣漢堡，也推出早餐和一系列的咖啡飲品和蛋糕輕食，消費者不管是想吃正餐或約會談心，都可以被滿足；不只提供現點現做和得來速取餐，更推出二十四小時服務和電話訂餐外送，讓消費者任何時間、地點都可接觸到產品。

再來看商品換購週期也很長的自行車業，如今多數品牌自行車店，不只賣自行車，還賣不同騎乘需求的全系列配件，每季都有新色新貨上架，週日店長還要揪團領騎車隊，陪消費者體驗騎車樂趣同時發掘新需求，目的是打造全方位單車騎乘平台。

哈雷機車亦然，它不只賣機車，還設計個性化配件並成立車友俱樂部，賣點不局限在交通工具的功能性，而是人際互動的情感面需求。

回頭看眼鏡行經營，要擴大營收來源，你可以思考的方向是，從產品加服務的完整性、功能面與情感面的連結性，以及不同消費族群的互補性，重新定義創新經營平台。**SWATCH品牌提出的主張是，不同衣著、心情，就該搭配不同手表**，所以每人都需要四、五只表，這或許也可帶給眼鏡行新的經營靈感。

任何創新都要圍繞母體，什麼樣的創新和本業核心存在最大關聯性，得經過嚴謹測試，是磨合過程要面對的挑戰。我們在麥當勞賣起咖啡和蛋糕，也是嘗試了十年之後，才摸索出初步方向。

原因在於，打造經營平台，成功關鍵在第五個P，People（人），不只人員心態、素質要改，軟體到硬體，店內陳設和用色也要調整，每個變革步驟，都考驗店長執行力。

■ 小店長這樣想：

「開店搶客源，比產品、比價格、比服務，還要比折扣。」

■ 大店長那樣想：

「星巴克咖啡貴生意卻好，關鍵在將咖啡店打造成人際交流的空間。」

學分 8
轉型策略
講師／戴勝益

實戰31

混搭新與古，改造柑仔店

家族經營便利商店已有百年歷史，對面是廟宇，每逢節慶營業狀況都不錯，但小型單店不能像連鎖店，靠大量進貨壓低成本，供應商也沒意願來店上架商品。單打獨鬥的便利商店該如何改善進貨的問題？（王信記商店　王店長問）

KNOW WHY 深耕社區與街坊鄰居維持緊密關係，是小型商店的生存利基，但面對大型化、連鎖化的零售業競爭，很難靠既有熟客生存。來廟祈願的外來遊客，同樣是值得全力經營的重點客群，若能賣給他們可帶到廟裡參拜供奉的糕餅點心，亦可替小店創造新商機。

但不管是想吸引外來客上門，或是要抓緊社區熟客，差異化、特色化經營是公約數。

首先，店裡進的貨，必須九成是7-Eleven等連鎖便利商店沒賣的。例如遊客喜愛的地方名特產，或具特色伴手禮盒。另外，還可考慮販售現烤番薯、古早味冬瓜茶或一碗十元的三種冰，除讓顧客覺得親切感油然而生，成為香客歇腳去處，目的更是服務在地居民，藉此匯聚人氣，確立小店在社區扮演交誼平台的角色。

此外，另一個訴求賣點，是注入百年老店的歷史元素，塑造懷舊氛圍，讓遊客還沒踏進店裡，眼睛就為之一亮。例如，把曾祖父當年使用的骨董錢櫃擺在收銀機旁，或在入口處展示店內保留最久的糖果罐、日據時代商號證書，標識並說明它的文史地位。

把歷史文化注入到柑仔店內，並非只是把古物搬上檯面。**古物必須創造新意，才能引發消費者興趣和好感**，過多「古」元素，並無法帶給顧客具體價值，沒有結合設計美感，或擺太多古物在店內，只是讓顧客覺得死氣沉沉、陳腐過氣，甚至衛生條件欠佳的負面感受。

因此重點不在「古」，而在「新」，「新」元素包含店員服裝古意但材質輕便、冬瓜茶包裝講環保，或提供外送購物服務等，給消費者現代化零售業的高水準感受。

簡單來說，「新」與「古」元素的理想比例應是八：二，創新須占絕大多數的比例。

古早味柑仔店，強調創新與親切服務，給顧客充滿回味的消費經驗，是連鎖便利商店難取代的。說不定，有朝一日，店的名氣比對面的廟還出名，大家是為了逛老店才來拜拜的。

■ 小店長這樣想：

「想要和同一條街上的7-Eleven競爭，就要和它愈不一樣愈好。」

■ 大店長那樣想：

「先做到和超商一樣的高效率低成本，下一步再談不一樣。」

學分 8
轉型策略
講師／戴勝益

實戰32——老師傅更要換新思維

父親經營相傳七代的老字號國術館，雖用不同思維打造明亮與寬敞空間，為病患營造舒適感，有別於傳統國術館經營。但近來的中醫診所氾濫，坊間推拿師收費水準參差不齊，搶走不少生意。除轉型中醫診所或健身按摩館外，是否有其他方向可努力？（傳統國術館　劉店長問）

KNOW WHY

經常從報章雜誌上聽聞，女性患者到傳統國術館求診，在接受推拿師傅治療的肢體接觸過程中，隱私遭侵犯甚至被性騷擾的情事，我身邊女性親友，也常苦惱於找不到一個可讓人百分之百安心，處理運動傷害或筋骨痠痛的國術館。

基於此，我認為，既然西醫婦產科都存在以女性醫師為訴求的診所形態，如果也有全是女性推拿師傅駐店，專門提供女性患者求診的傳統國術館，一定能很快建立好口碑，受到市場歡迎，贏得很大商機。

策略上，透過提供差異化服務，來經營分眾市場；定位上，則仍維持重視療效、使用高檔藥材的傳統國術館，完全不需隨市場起舞，和強調營造氣氛的SPA養生館，或客源複雜的中醫診所搶客源。

至於你父親角色，則可轉型為這行的教練，教授女性學徒成為夠格的國術館師傅，然後雙方簽約，設計按件抽成的分紅制度，每位師傅為了拉高回客率，更能展現服務的熱忱。

多數傳統國術館受限於過往醫病關係的慣性思考，較少站在患者的切身需求，思考轉型方向。例如，經常見以「祖傳N代」做為攬客的訴求，但需知，對於患者來說，特別是女性患者，一個充滿信任感、隱私免於被侵犯的求診環境，遠比推拿師傅的技術是否來自祖傳，更為重要。

另一個迷思就是，認為國術館內一定要有老師傅在場，才會有客人上門，其實並不然。

舉餐飲業的例子，以前做高檔鐵板燒這行，業界前輩都認為要有數十年資歷的老師傅，才能「站桌」服務客人。但愈來愈多新竄起的鐵板燒餐廳證明，年輕的女廚師只要技術在水準之上，雖然入行沒幾年，但因具親和力、充滿服務熱忱，也能帶給顧客滿意的用餐經驗，對餐廳創造的營收貢獻，一點都不輸給二、三十年資歷的老師傅。

愈是傳統的行業，「創新思考」所帶來的效果就愈大，愈能和別人想的不一樣，勝出的機率就愈高。

■小店長這樣想：

「客人就是喜歡老師傅的手藝，也是本店的最大賣點。」

■大店長那樣想：

「鼎泰豐都是年輕師傅，高品質服務才是吸引顧客上門的長久賣點。」

學分 8

轉型策略

講師／戴勝益

實戰33——產業夕陽化，停損不如停業

網路下載電影方便快速，到出租店租片的人愈來愈少，配合總部走複合式經營，兼售保健食品與清潔用品，但此類商品不像可樂、爆米花，可當看ＤＶＤ時吃的零食，顧客接受度低，也有被強迫推銷的壓力。如何經營複合式生意，彌補日益下滑的業績？（艷陽電影院ＤＶＤ出租店　林店長問）

KNOW WHY

我有位親戚在中部鄉下當西裝師傅，十年前一個月接兩套西服訂單，現在兩個月才有一筆生意，他明知這行已被品牌西服取代，卻眷戀著手藝和老客人，人生的青春歲月和拚搏事業的鬥志，幾乎都已消磨殆盡。

這例子要說明的是，夕陽產業要變成朝陽產業不是不可能，但機率極低，你我皆非蘋果執行長賈伯斯，靠一己之力可逆轉趨勢。不敵網路科技衝擊的DVD出租店，和手工西服店都屬前景黯淡，注定要走入歷史的行業。既然是一樁沒有未來的生意，能帶給顧客的價值又不斷遞減，捫心自問，還有繼續經營的必要性嗎？

我認為，設停損點都屬多餘，趁有利潤快收掉，轉營有潛力事業，如賣早餐時段總會有人想吃的燒餅油條，只要經營得法，比開DVD出租店有發展機會，別等有限資源耗盡，想轉業已太遲。

身處夕陽產業不會讓人萬劫不復，失去朝陽的心態才會致命。

捨不得立刻關店轉業，理由只有一個，就是念舊心態使然。念舊絕非做生意需要的元素，對個人前途亦毫無幫助。想出走複合店的點子，但從沒聽過有人經營複合店成功，道理淺顯：專門店都做不好，複合店怎可能成功？還可能遭顧客唾棄，認為店家根本不夠用心把東西做到最好。

所有成功事業都是靠核心產品成功，小店更是如此，豪大雞排就賣那塊雞排，星巴克堅持賣咖啡不供簡餐，鼎泰豐大陸深圳加盟分店兼賣珍珠奶茶，下場則是關門大吉，在在證明品項愈多，店倒得愈快。

對經營者來說，最難的不是加法而是減法，消費者是用減法看一家店，只認定這家店的某一項拿手產品，即使DVD出租店兼賣爆米花、滷味，生意一樣不會好。成功的企業家少，正是因為想不通簡單道理的人多。

■ 小店長這樣想：

「當愈多人退出市場，我成長的空間就愈大。」

■ 大店長那樣想：

「市場大餅若變小，成長機會也不容易變大。」

麥當勞前亞洲區副總裁／李明元

速食店如何搶星巴克生意？

「活潑輕快路線」、「大膽潮流風」、「歐洲簡約自然風」，這不是流行時裝分類，而是麥當勞針對商圈特性打造的不同美學風格餐廳，吸引了原本到咖啡店喝下午茶的顧客群，帶動業績大幅成長。但推動此改造工程的李明元卻說：「品牌轉型大不易，在美式速食餐廳賣義式咖啡，我們整整摸索了十年才成功。」

麥當勞一九四〇年創立第一天，店內就有賣美式咖啡，咖啡是全球麥當勞餐廳的核心產品，但提供卡布奇諾等義式研磨咖啡，不過是這十來年的事。從菜單上看起來，加入義式咖啡只是多了幾種咖啡產品供顧客選擇，但實際上，卻是品牌DNA重新定位，改變傳統漢堡店商業模式的轉型工程。

一九九九年，我一趟西雅圖之行，看到從派克市場（Pike Market）發源的星巴克咖啡，受到消費者熱烈歡迎的程度，可用街上人手一杯星巴克形容。後來，我轉赴加拿大的滑雪勝地惠斯勒山（Whistler）時又看到，山下一家麥當勞賣義式咖啡，生意也好得不得了，發現這是一個龐大的新商機。於是，回來台灣之後，就馬上採購咖啡機，在全台每家店都賣起義式研磨咖啡。

一開始，生意不錯，但後來發現業績成長有限。因為，在顧客眼裡，麥當勞只是在美式咖啡外，增加牛奶調味和高價的產品，很難讓想喝好咖啡的顧客，專程走進這家店消費。

後來，我們看到麥當勞在澳洲發展的McCafé咖啡專賣店，經營得非常成功，還一度是澳洲、紐西蘭最大的連鎖咖啡品牌。於是，我們二〇〇三年在台北市天母東路，也開了一家McCafé咖啡專賣店進行測試。另一方面，為提高咖啡產品在餐廳內的能見度，把原本櫃檯後方的咖啡調理設備拉到櫃檯旁邊，設置McCafé角落，和其他產品進行區隔。

然而，這樣的改變並未帶來成效。

業績數據顯示，投資櫃檯更新、行銷資源和人力等成本，McCafé店內獨立設櫃，銷售額並沒有顯著成長，顯示品牌影響力不足。至於，McCafé專賣店雖然營業額不輸星巴克，但缺乏規模經營，更是賠錢賠得凶。前者缺乏效能，後者則是效率不足。

這一路摸索的心得是，咖啡生意可以做，但若要兼顧效率與效能，該思考品牌轉型的戰略，而不只是如何賣咖啡的戰術。

二〇一〇年美學餐廳誕生，就是品牌轉型戰略的行動方案，除把McCafé複合到店內，餐廳也重新裝潢並賦予個性化的風格。例如，椅子是舒適的軟質座椅，不再使用固定式在桌邊的塑膠凳子；擺設十人的工作長桌，供顧客進行聚會討論；並改採義大利的設計燈具等，創造出不亞於咖啡店的用餐氛圍。

品牌DNA轉性，不能流失舊顧客

也就是說，若只當成一個產品來看太可惜了，咖啡其實是品牌形象全面提升的跳板，表面上透過增加咖啡品項，和既有產品發揮一加一大於二的效果，但卻是透過品牌DNA轉性，呈現平價奢華的品牌印象，這個幫助遠大於賣咖啡帶來的營業額貢獻。

要達到品牌價值提升的DNA變性效果，除透過大量設計元素改造用餐環境，我們還重新設計員工制服，換上淺粉色系服裝，增加柔性互動氛圍，並訓練專屬咖啡師。產品面也配套推出切片蘋果、甜點，以及高單價的牛肉漢堡，鋪陳咖啡館高級化、精緻化的DNA。

但千萬記住，品牌DNA轉性過程，原來的顧客一定不能流失。

例如，咖啡館的個性化訴求，和麥當勞長期經營的親子客層是衝突的，要讓彼此共存，就要在用餐區域進行區隔。開店選址時，也要考慮到店面空間，是否能同時規畫親子遊戲區與咖啡區。

如果把品牌DNA比喻成颱風眼，既有品牌DNA和創新品牌DNA，就像是形成共伴效應的雙颱，原本存在的這個颱風，不但不能消失，還要轉得更快，發揮更強大的穿透力。

從單颱到雙颱效應，品牌DNA轉性也不能一步到位，跳躍式的變化，只會讓消費者覺得突兀，沒有理由馬上拋棄原來就喜歡你的核心顧客。麥當勞轉型咖啡館的例子，就歷經從速食、舒食到美學餐廳（見下頁表格）的漸進過程。

速食餐廳是麥當勞進入台灣餐飲市場頭二十年呈現的品牌面貌，餐廳陳設標準化，重視清潔衛生與供餐快速，強調效率化經營，主推的是大麥克、薯條、可樂等全球核心產品。

台灣麥當勞品牌轉型歷程

	速食餐廳	舒食餐廳	美學餐廳
時間	Since1984	Since 2003	Since 2010
品牌（服務的）DNA	打造反應快的高效率平台（內部角度思考）	提供服務的方便平台（消費者角度思考）	服務介面感受、愉悅感的體驗。五感體驗（enjoyement）
服務與產品	櫃台服務、自助式服務、得來速、全球核心產品	早餐、副餐沙拉、外送服務、24小時營業	McCafé、沙拉主餐、大早餐系列

舒食餐廳是二〇〇三年配合全球麥當勞的「I'm lovin' it」品牌再造，台灣麥當勞進行改裝，裝潢開始融入設計元素，提供消費者一個能享用沙拉附餐的愉悅用餐環境，產品和服務也更強調可及性，包括提供二十四小時營業、外送服務，以及早餐菜單和三十九元低價漢堡。但在此同時，仍持續強化「快速」的品牌既有DNA，導入「為你現做」服務，上菜速度比以前快五倍。

美學餐廳確認了McCafé在漢堡店內的角色，更強調體驗式服務，透過裝潢全面更新，帶來顧客獨特的感官經驗。服務不只講究速度快，還強調人際接觸的體驗互動。例如，店裡的咖啡大使，不定期推出品評和試飲活動。

DNA變性可提升品牌價值，但轉型需投入成本，何時是進行轉型投資的最佳時機呢？

在財務良好時就要進行轉型

台灣麥當勞兩次品牌轉型的經驗是，速食改為舒食餐廳，來自強烈的生存危機感，當時，全球麥當勞業績成長陷入撞牆期，警覺到若再不改變，恐導致長期衰退。至於，二〇一〇年的美學餐廳改造，則是在財務狀況良好下進行，為的是尋求更佳成長動能。

顯然，後者的條件優於前者，等到危機出現才要變革調整體質，萬一變革不成功，不用說，一定是企業的大災難。

一般來說，從財務平衡的角度出發，一家店合理回收期約三至五年，因此，五到七年進行店面更新，給顧客全新的印象（reimage），絕對是必要的。

一來，財務風險可以被控制住，另一方面，如今科技的快速發展，如蘋果

iPhone每一代的產品週轉極快，致使消費性產品創新的生命週期，遠比我們想像的短。從品牌競爭角度看，全球化、本土化品牌大量出現，Uniqlo、ZARA、H&M等服飾品牌，重新定義消費型態，就餐飲業而言，王品集團、85度C等擁行銷資源的品牌，也帶來小店廣泛性的競爭，甚至雲端未來，對生活形態帶來的改變，最終都將衝擊服務業的生態。

未來，一家老店能不能生存，已不只是產品質量上的競爭，也不只比門面裝潢，而是，核心經營能力的市場穿透力。舉鼎泰豐為例，它的核心經營能力是創造高翻桌率，一般餐廳一天能翻個三、四次已經很不錯，鼎泰豐假日卻可以翻上十八、九次。**毛利高不是來自產品單價高，而是來自效率高，**毛利好也才能維持食材的高品質，提供店內師傅與服務人員優於同業的待遇，這是鼎泰豐穿透市場，持續在海內外展店的勝出關鍵。

能持續勝出的老店，成功關鍵多半不在產品創新，而是商業模式的創新。一家店的經營者必須找出，什麼是真正驅動你的店成長，最核心的引擎（Driver），由此建構品牌DNA，而當進行DNA轉性時，怎樣的創新是消費者期待的，哪些DNA又是該保留、強化，都應全盤思考並做好實證研究。

〈轉型策略〉的槓桿思考練習

一、我們老店有什麼優勢，是新開的店追不上的？這個優勢能保持多久？

二、老店做創新，對顧客來說，和一家新開的店提供這樣的創新，差別是什麼？

三、老店新開，一定要推出創新的產品，還是也有可能從服務或體驗的創新著手？

Part 3

深耕與成長的挑戰

開店，成就獨一無二的人生

成就人生的路徑不只一條，為什麼選擇開店？

王品集團董事長戴勝益認為，晶圓廠的工程師，雖然薪水較高，但工程師不可能自己出來開一家晶圓廠，改變產業的面貌。而在餐飲或服務業，不管是廚師或餐廳服務生，人人都可能自己開店，打破行業的常規，或隨股票上市，成為企業家，實現人生更高遠的夢想。

然而，想靠開店通向夢想的終點，關鍵在起點。

一九八一年春天，二十八歲的土地代書周俊吉，寫下影響他一生的這段話：「吾等願藉專業知識群體力量以服務社會大眾，促進房地產交易之安全、迅速與合理，並提供良好環境使同仁獲得就業之安全與成長，而以適當利潤維持企業之生存與發展。」

這七十個字是周俊吉經營事業的「建國大綱」，它帶來的威力，不只讓信義房屋成為第一個從台灣出發的跨國連鎖房仲品牌；二〇一二年，周俊吉更以個人名義，捐款新台幣六億元給政大公企中心，做為該中心躍升計畫基金，推廣企業倫理課程以及成立「信義書院」，也是政大創校八十五年以來，接獲的最大單筆個人捐款。

開一家店，成為不凡人生的起點

開一家店，若能以終為始，成就的將不只是一盤小生意，更是通往不凡人生道路的起點。

一九八六年，星巴克董事長舒茲（Howard Schultz）創立他人生第一家店：「每日咖啡」時，也寫下以下的備忘錄：

「每日咖啡公司將致力成為世上最好的咖啡館事業，我們願意提供優質咖啡及相關產品，協助顧客展開並持續完成每天的工作。我們由衷熱愛教育顧客，不願為營利而犧牲道德與操守……每日咖啡館將改變人們對咖啡的認知，為了贏得顧客的尊敬和忠誠，我們將為各門市建立優良的品質、業績和價值。」（摘自《勇往直前——我如何拯救星巴克》一書）

開咖啡店之前，舒茲是一名上班族，他在老星巴克公司擔任行銷主管，負責四家門市的業務，一次赴義大利考察行程，他從咖啡師透過精湛手藝調製的咖啡杯裡，不只聞到義式咖啡的迷人香氣，更發現其中蘊含的無窮商機。

於是，回到西雅圖之後，舒茲興奮地把複製義式咖啡館的構想，告訴星巴克創辦人，但老闆卻不感任何興趣。對自己想法深信不疑的舒茲，於是辭去在星巴克的工作，並設法籌資開心目中的夢幻咖啡館，店名則仿效米蘭一家日報的名字，這是「每日咖啡」的由來。而這份備忘錄，即是當年舒茲擔任店長，和咖啡師傅一起站在櫃檯後面蒸牛奶、調製咖啡之際，所寫下來的。

在隨後的一年半，每日咖啡門市成長到十一家，舒茲則在一個偶然機會下，收購了老東家星巴克咖啡公司。儘管所有每日咖啡館，後來改名為已建立口碑的星巴克，但毫無疑問，如果沒有當初的「每日咖啡」，就沒有今天全球上萬家的星巴克咖啡店，這個改變人們喝咖啡型態的跨國品牌。

從一家店擴張到上萬家店，固然成就不凡，但獨一無二的老店，同樣能傳遞經營者信守的非凡價值。

義大利米蘭蒙提拿坡倫街（Montenapleone）九號的羅倫基刀具店（Coltelleria G. Lorenzi），正是一家這樣的店，儘管已創業八十多年、歷經兩代經營，但「我從來沒想過要有兩家店」，阿多・羅倫基（Aldo Lorenzi）這位第二代的經營者對舒茲說。

舒茲形容，羅倫基刀具店外表毫不張揚，但走進去卻讓人情緒不自覺澎湃起來，裡頭像是一首無聲的交響曲，簡單卻又難以置信的視覺震撼，讓人真切地感受到貫注在店裡的熱情和專門工藝。

二〇〇九年，舒茲從西雅圖專程遠赴米蘭，造訪這家別無分號的老店，目的只有一個，就是從羅倫基刀具店裡，替當時受金融海嘯衝擊，營運跌落谷底的星巴克，尋找回春藥方。

和刀具一樣，咖啡也是再平凡不過的商品，門市扮演的，是建立感官與情感聯繫的角色，舒茲從這家老店學到：「一家傳統型態的店，一路走來始終如一的同時，更有必要創造新氣象……陳舊可以是一種美，但絕非在被忽視的情況下」；「一家店存在的正當性，在於店員面對消費者時所展現的經驗和專業，這並非陳腔濫調，而是對工作熱情的傳達……」（摘自《蒙提拿坡倫街上的那家店》）。

米蘭小鎮的羅倫基刀具店經營信念，啟發後來舒茲強化全球星巴克門市體驗，所推動的一連串改造方案，展現在咖啡店內，即是在每一杯咖啡、每一個夥伴、每一位顧客的每一次體驗，再次注入熱情動力與企業靈魂。

學分 9
品牌定位
講師／戴勝益

實戰34——釜底抽薪——改變商業模式

在師大夜市開設韓系服飾店，由於經常到韓國帶貨，成本較一般店家高，但近來夜市出現許多打著韓系招牌的大陸成衣低價搶市，顧客根本無法辨別，雖已和熟客保持緊密互動，業績還是難成長，如何避免陷入價格戰紅海？（iris shop服飾 游店長問）

KNOW WHY 從國外帶流行商品回來賣，獲利關鍵是單幫客掌握流行趨勢的眼光，不過，風險也在此，進三組商品若只賣出兩組，最後一組成了沒人要的庫存，這趟可能就做白工了。

不要說跑單幫有這樣的風險，很多五分埔成衣盤商也是靠經驗和直覺進貨，不過若看錯組壓錯消費者流行口味，一旦批購回來的產品求售無門，傾家蕩產也很容易。

流行服裝還要面臨產品週期極短的挑戰，但飾品的流行性就沒有像衣服那麼強，倍數的獲利空間也不輸衣服，賣三年都有可能，商品週轉的時間拉長，經營者需要面對的風險也相對較小。

只是這樣做，還是難保不陷入價格戰，釜底抽薪是改變商業模式。

去法國註冊一個服飾品牌，然後授權給自己的台灣公司，並把南韓成衣廠當OEM（原廠委託製造）下代工訂單的對象，搬離開予人賣便宜貨印象的夜市，在東區商圈成立工作室，同步做網路商店。最好，能夠再去歐洲短期進修，拿造型設計師證書，做客戶的流行顧問，打品牌的同時也打開通路，不斷累積價值。

事實上，日本國內所有網購和郵購目錄，早就這樣做了，直接去義大利、法國註冊商標，再授權自己推出一系列的歐風商品。因為，在消費者的認知裡，品牌產地就等於售價的保證，較不在乎製造地是南韓或大陸，許多網路夯店也是採取類似的經營模式。

嚴格來說，台灣服務業的經營觀念和創新程度，還有極大成長空間，國外註冊品牌、發給代工廠訂單的產銷模式，國外許多年前就有這種行業了。

正因為台灣服務業還處於蓬勃發展階段，機會到處都是，所以此刻正是你絕佳的翻身機會！

■小店長這樣想：

「賣流行性商品利潤高，比的是誰進貨的手腳最快！」

■大店長那樣想：

「賺得快不等於賺得久，況且，消費者永遠變得比你還快。」

學分 9
品牌定位
講師／戴勝益

實戰35——給足服務承諾，建立品牌口碑

替家裡彈簧床工廠加設拍賣網站，但不像衣服、鞋類，彈簧床是單價較高的商品，請問網路這塊該如何經營？到國外申請品牌回來可行嗎？要行銷品牌，該做怎樣的活動？（恩蒂那斯床業　林店長問）

KNOW WHY 現代人重視睡眠，賣一張能讓人一夜好眠的床，絕對是一門好生意。

像彈簧床這樣的商品，最重要的是消費者的親身體驗，如何協助顧客找到適合的床墊，是品牌核心任務，也是行銷活動重心所在。因此，只要能建立易識別的中英文品牌名，不一定得去國外註冊品牌。

基於此，可以考慮找知名連鎖旅館合作，以提供免費床墊給旅館的方式，交換自家彈簧床品牌曝光的機會，從入住房客的真實體驗，開始建立口碑，搭旅館的順風車打響知名度。

至於一般消費者，最好可以將床墊免費宅配送府，等試睡滿意後再付款，訴求體驗的創新銷售模式。好處是，不必付昂貴房租開設大型門市，傳統的彈簧床賣場，就算顧客願意上門試躺，也未必能在短時間內，找到最適合的好床。

實體門市則應把店面縮小，移到精華商圈精品店隔壁，整家店只要擺一張床就好，彰顯品牌的價值感與時尚感。

但這樣還不夠，**要成就一個品牌，最重要是給足消費者「服務」的承諾**。以我自己經營王品集團為例，可以放手把營運交給各店店長，但過去十幾年來，我一定每天至少花兩小時親自看客訴，掌握顧客對第一線服務的看法。

其實，網路並不等於商品拍賣場，也是提供顧客服務的理想平台。你需要建立的應該是品牌形象網站，網頁上提供床與睡眠的專業資訊和諮詢，豐富消費者選購好床的知識，更可讓顧客寫下體驗心得，從中了解不同消費群對商品的偏好。最重要的是，透過網路，定期追蹤、管理賣出去的每一張彈簧床，提供到府維修的持續服務。

試想，如果顧客買一張床還能享受服務，怎能不感動、主動透過臉書幫你的品牌宣傳呢？

當然，這樣做的前提，一定要產品品質禁得起考驗。子曰：「君子務本，本立而道生。」行銷的「本」，來自產品要夠「好」，給顧客的服務要夠「深」。

■ 小店長這樣想：
「這是一個講自我行銷的時代，要做品牌尤其要重視行銷。」

■ 大店長那樣想：
「子曰：聽其言、觀其行，消費者會觀察你是否言行合一。」

學分 9
品牌定位
講師／戴勝益

實戰36——牢記餐飲店成功五順序

經營東北酸菜鍋三年，今夏在團購網半價促銷，賣出一千份，但只能彌補虧損；前年夏天研發酸白菜涼麵，上電視綜藝節目宣傳，吸引不少客人；但去年夏天少了媒體曝光，卻是貼本的開始。火鍋店遇到夏天，該怎樣促銷？（松花江酸菜鍋　于店長問）

KNOW WHY 火鍋本無罪！夏天是餐飲業旺季，學生放暑假聚餐，一夥人吆喝著去吃火鍋，鼎王麻辣鍋晚上九點多，門口仍有人排隊，更多燒肉店沒預約搶不到位，酷聖石冰淇淋（Cold Stone），冬天仍受到消費者歡迎，都說明做餐飲，生意好壞和季節關聯性不大。

好吃大於服務，服務大於衛生，衛生大於價位，價位大於地點，是餐飲業成功五順序。一般人總有迷思，以為開店一定要在黃金店面，但地點恰是前述五因素中最不重要的，很多排隊名店證明，東西好吃，就算路途再遠、再難找，消費者都會上門。

裝潢和媒體宣傳，也非經營餐飲業成功因素。紐約知名牛排館Peter Luger，進門只見簡單木質方桌和復古水晶燈，連像樣桌巾都沒有，還開在布魯克林倉庫區，吃它一頓不容易。台灣鼎泰豐本店，不見什麼高檔裝潢，卻天天大排長龍。自我宣傳更是沒必要，餐飲絕非開三、五年就會被淘汰的流行性行業，不存在消費者喜新厭舊的問題，較可能是東西不好吃、服務不到位，最終是被自己淘汰掉的。

尤其，當賣點還不到位，任何宣傳最後都將成為負面效果。王品集團旗下新餐廳開幕，從不選在聖誕節前夕或大節日，因為，第一天上現場的服務人員，連桌號都記不得，進出廚房動線也沒摸熟，萬一突然進來很多客人，豈非亂成一團，絕非智舉。

很多名店開張頭幾個月沒見幾桌客人，建立好口碑後，開始天天客滿，媒體聞風而至，是順水推舟的相乘效果。而不是好吃、服務還沒得到消費者肯定，就急著找媒體報導，這樣就算客人因此上門，成為回頭客的機率也不高。

另外，網路上半價促銷也是一著險棋，即便一千份都賣出去，消費者覺得好吃，但想到去店裡吃時是原價計算，也會猶豫，結果可能是「等你打折，再考慮要不要上門消費」，最後，受害的還是自己。

■ 小店長這樣想：

「很多排隊名店，都是靠媒體報導捧紅的。」

■ 大店長那樣想：

「天天排隊的店，一定是基本功扎實過人。」

學分 9
品牌定位
講師／李明元

實戰37——粉絲團人氣不等於買氣

很多店家因網路人氣高才跟著有名，我們也在臉書（Facebook）上經營粉絲團，網路人氣頗高，但為何不等於買氣和來店率呢？（靈感咖啡　法蘭店長問）

KNOW WHY

店家在網路上做行銷，和網路社群的口碑效應，是兩個不同的概念，前者是預期達到廣告效果的商業操作，後者則是建立在真誠分享的自發行為，兩者招徠人氣的動機和方式不同，可動員的力量亦難相提並論。

經營者經營臉書，屬網路上做行銷，如同花錢請部落客撰文推薦，也和播電視廣告或登報打知名度沒兩樣，只是在不同平台廣告。效果回到行銷基本邏輯，

若是產品或服務沒到位，廣告做愈大，負面效果也愈大，對品牌資源累積帶來的是乘除效果。

正因為是廣告操作，人氣並非消費者因東西好吃或被服務感動，上網主動分享的結果，而是砸錢或靠行銷資源堆疊出來，如同商品猛打廣告，並不會理所當然轉換成買氣。就像總統候選人為選戰造勢成立臉書粉絲團，但人氣高不保證選票一定多。

科技應用進入服務業，已是不可逆的趨勢，更是所有經營者都要面對的議題。對於零售業領域，科技運用在消費者身上可概分為：提升營運效率的功能導向，如透過網路或智慧型手機訂餐；強化行銷傳播效果，如結合行動通訊發送即時促銷訊息；以及透過網路與消費者進行雙向溝通，強化顧客和品牌經驗的深度連結等。以上三個層次，又以達成與顧客深度連結最為困難。

原因在於，網路社群經營非單向自我宣傳，網友登錄臉書，期待得到的是個人化的回應與對待，網站經營者對於如何分辨、並即時回應大量湧入的網友訊息，必須具備良好管理技術和經營能力。無法做到這點，就難真正和網友搏感情，亦不能產生主導效果，網友很容易看出你是在虛應故事。與其如此，不如一開始就不要成立粉絲團。

經營者內心一定很清楚，網路上的粉絲團人氣，有多少比例是靠投入行銷資源換來的，不是說這麼做不可行，例如在臉書溝通公益形象，也是替品牌加分的可行做法，關鍵在於，要能清楚分辨網路行為手段，與所欲達成的目的是否直接相關。

■ 小店長這樣想：

「成立臉書粉絲團發動網路行銷，沒什麼成本又能炒熱知名度。」

■ 大店長那樣想：

「口碑不是自己說了算，一家店的好，是要留給顧客探聽。」

學　分　9
品牌定位
講師／戴勝益

實戰38——吃巧勝吃飽，別做對賭生意

我們經營的是吃到飽涮涮鍋，農曆年後原物料大漲，過去一年食材成本上漲三成，但晚餐時段含服務費二百五十元的收費標準，去年十一月已調漲十元，如果再度反映成本而漲價，怕嚇跑更多客人，怎麼辦？（寶神涮涮鍋　馬店長問）

KNOW WHY

二百五十元的涮涮鍋生意可做，但建議把吃到飽改成精緻化的個人套餐，前者是靠價格取勝，後者則可建立「價值」。

以目前台灣的餐飲文化和消費趨勢，人們普遍重視健康與環保意識，吃到飽餐廳過去對消費者是優點，但現在卻帶給人們浪費食物、飲食缺乏節制的負面印

象，因此，開吃到飽餐廳並非唯一的選擇。

放眼全球，飲食文化最成熟的歐洲國家，也只有五星級飯店提供吃到飽的消費方式，因為它要滿足全世界各地餐飲習慣不同的客人，其目的是提供便利性，而非著眼價格優勢。

台灣餐飲業流行吃到飽，算起來也超過二十年了，大概再過二十年，我們就會像歐洲一樣，街上絕少看到吃到飽餐廳；餐飲文化才剛起步的大陸，就像二十年前的台灣，吃到飽餐廳現在肯定最受歡迎。

別做吃到飽餐廳，更重要的原因是，因為這種餐廳吸引到的是有活力、創意的客人，這些客人為了要試探自己的胃口有多大，可能小動作不斷，一下搶剛擺上菜檯的食物，但臨走時又把吃不完的東西藏在湯裡；或是一群賭性強的客人，他進到店裡，心態就是準備和你對賭，拚看看到底是他吃得多，還是你賺得多。

雖然開吃到飽餐廳要有不怕被客人吃垮的心理準備，但**當顧客是抱著賭一把的心態上門，等於也把你當賭徒，開店就很難贏得尊敬**。就算他吃下超過成本的食材，用餐過程你也鞠躬彎腰，提供各種服務，但當他走出餐廳大門，是絲毫不會感激你的。而就我觀察，國內吃到飽餐廳長期經營，或維持穩定品質的不多見，似乎也反映經營者打游擊戰的短線心態。

那贏得尊敬又如何？

第一、你經營事業的動力會不同，因為受到尊敬，做起事來抬頭挺胸，事業才能持續發展；第二、因為經營心態健康，在同仁面前，你是個可理直氣壯，要求做好顧客服務的主管；第三、你的餐廳在消費者心中，建立起誠信的價值。以上三點，是你的店能不能從一盤生意茁壯成事業的關鍵。

■ 小店長這樣想：

「有辦法滿足顧客俗擱大碗的需求，才能生存下來。」

■ 大店長那樣想：

「吃到飽、吃得巧各有需求，做吃巧的生意比較能長久。」

大店長開講

王品集團董事長／戴勝益

事業要大，別賺貴客的錢

有錢人的錢才好賺？戴勝益從來不這麼認為，也不打算開發有錢人需要的頂級服務商機，因為，做貴族生意只是更拉大社會的貧富對立，全球最具品牌價值的公司，例如豐田、麥當勞、可口可樂，做的也都是庶民生意。

二〇一一年，王品集團旗下十一個品牌，獲利率最高的，是無肉的蔬食餐廳「舒果」。當初發展這個餐飲品牌，是王品不斷接獲消費者來電，提醒我們要重視地球暖化、冰山融化等環保問題，所被「催生」出來的，每客不到四百元，符合庶民經濟消費型態的中低價位策略，也是成功因素之一。

從價格端定位品牌

如同「舒果」的成功例子，王品集團在新創一個新的品牌，都是從消費者、市場導向的角度思考，能做多大多好。而一家店不可能同時擁有不同客層的顧客，例如，瞄準上班族，就要判斷他可以接受的餐飲內容和價格是什麼？接受了之後是不是還會一來再來？

從消費者可以接受的角度出發，第一個要考慮的就是價格（Price），也就是決定要推出什麼價位的產品，其次依序是決定賣什麼產品（Product）、設定怎樣的消費群（Customer），最後才是無形的品牌策略（Brand）。PPCB的順序，也是王品內部架構新品牌的思考過程。

完全從顧客的角度出發，不是站在自己要賺多少錢來定價，獲利則來自做好內部合理管理，以及逼自己努力降低成本。例如，為了採購質優價低的牛肉，王品集團的採購部門，每天都緊盯芝加哥商品交易所牛肉期貨行情，跌價的時候便大量進貨庫存。

從庶民經濟發展品牌

不只「舒果」，庶民經濟是王品集團所有品牌共同的核心定位；且基於對社會的責任和承諾，我們不做不環保的「吃到飽」餐廳，也不做以燕窩、魚翅、鮑魚入菜的高價位餐飲。

我們甚至考慮，王品集團餐廳不接受米其林的評比，米其林餐廳做得再好，也只能開一、兩家，一家店一個晚上只能服務三、四十位顧客，對社會的貢獻不大，反而拉大富與貧的距離。

走庶民路線的另一個理由是，我們希望企業經營的價值觀和庶民社會能結合在一起。如果是做貴族生意，連服務這群客人的服務生，心理上也會產生貴族才能服務貴族，自己也屬於貴族的虛榮感，下了班和朋友在一起，不自覺便流露出優越感，行為舉止改變，也開始講究穿的衣服、用的筆。影響經營者的則是，走貴族經濟，或許讓人羨慕，卻不得眾人尊敬，事業版圖只會縮小，很難做大。

品牌定位是企業的命脈，品牌定位需要隨時創新，但不能變調，因此品牌定位往往比創業還難。從庶民經濟的定位出發，王品集團希望發展為客人、員工及社會三贏的企業。

因此，開店奉行「十八個沒有」：一、沒有中央廚房。二、沒有監視器。三、沒有神秘客。四、沒有「奧客」這個形容詞。五、尊重孕婦，開會沒有固定座位。六、沒有漲價的可能。七、沒有酒單。八、沒有結帳托盤。九、沒有交際應酬。十、沒有借錢。十一、菜單沒有鮑魚、燕窩。十二、沒有紅包。十三、公司內沒有名牌包。十四、沒有風水師。十五、沒有節稅。十六、沒有親人同在公司。十七、員工沒有人兼差。十八、沒有賠錢的店。

為什麼說沒有賠錢的店，因為如果店真的不能賺錢，三個月內，就會把店關起來，每一家店都賺錢，自然就不會賠錢。

從這裡，我們發展出「王品憲法」、「龜毛家族」等集團內規。因為，臨時性的行銷策略和活動，影響至多一年，公司的制度和策略頂多維持十年，但企業文化可以五十年不變，所以企業文化的領先，可以維持一個品牌的優勢最久。

漲價，該不該張貼公告？

做庶民生意並非就不能漲價，因對顧客有義務和責任，不能說成本調漲就輕易轉嫁到消費者身上。一家店除非面臨虧損邊緣，才會考慮調漲的可能性。

而就算要漲價，在店門口張貼「漲價公告」，則是多此一舉。

「王品牛排」一九九三年創立迄今，將近二十年內，總共調了五、六次價格，開幕之初一客定價五百八十元，如今上調到一千三百元，每次一百多元慢慢調上去，也從來沒貼過「漲價公告」，但顧客為什麼還是願意接受，而且愈做愈大呢？

一切的關鍵在對價關係，至於，該不該漲價唯一的檢視標準，則要看顧客是不是愈來愈多？

王品牛排一客賣五百八十元的時候，裝潢、菜色和服務都很陽春。後來，隨價格調漲，我們菜色上不只提供更多的量，材料的質和配菜美感都更佳，訓練服務、裝潢氣氛也全面提升，讓顧客覺得來這家餐廳用餐，不但漂亮也很有氣質和文化，來客量愈來愈多，營收愈來愈大，表示顧客諒解我們漲價的做法。

因此，漲價之前，餐廳的自我提升要先到位，讓客人覺得有那個質感，他才願意再上門。不先自我提升，動輒漲價，一旦客人的壞口碑傳出去，價格沒有降下來的機會，來客減少，最後只有關店一途。

至於貼「漲價公告」，只是顯示店家的心虛，沒有盡一切可能做好成本控制。有些店家換菜單又換價格，以為這樣顧客就不會察覺漲價，這個做法更糟糕，不換菜單換價格或許還有機會，因為新菜單顧客接不接受都還不知道，就把顧客當白老鼠，顧客感覺到的只是欺騙。

當然，價格不能無窮盡一直提升上去，最好漲價幅度和通貨膨脹比例差不多，王品牛排如果提升到一客五千元，也打破原來的客層定位。

價格是品牌定位的核心，也是和顧客溝通的橋樑，進行價格調漲是極大的經營風險，就算面對物價上漲，經營者心裡也不該有漲價盤算。只想用漲價提升獲利，容易成為經營者不致力成本降低的怠惰藉口，失去自我紀律，也失去替客人著想的念頭。經營者時時刻刻要想到，是因為有顧客支持才有這家店的今天，一定要和顧客共體時艱。

〈品牌定位〉的槓桿思考練習

一、我是看到了獲利機會才開店，還是先看到市場沒被滿足的需求？

二、為什麼要選擇切入這個客層，這群人帶來的商機能持續增加嗎？

三、顧客的喜好會改變，經營環境也會變動，我要如何重新界定我的顧客群？

學分 10

品牌價值

講師／周俊吉

實戰39——誰說租店不能建立品牌

承租政大公企中心空間開咖啡店，我們常會送很多東西給顧客，希望帶給顧客終身價值，和我們做長期生意，但因為我們店是用租的，會不會在還沒建立品牌之前或回收之前，店就倒了呢？(d.café 林店長問)

KNOW WHY

如果真心想要帶給顧客終身的價值，只是送東西還不夠，還要朝經營品牌發展，經營品牌不可能一蹴可幾，要有長期經營的準備。然而，想很長、有品牌思維固然很好，但如果沒法想得很長，並不能說就是不對的，以開咖啡店為例，未必凡事一定都得想到長期，例如，建立你說的顧客終身價值這件事。

其實，一家咖啡店若能做到，讓每位顧客每天上門都覺得很開心，雖然看起來並非什麼長期的發展策略，但可以持續做到這點，也非常不簡單了。

至於，擔心因為店面是租來的，沒辦法做很長期的品牌經營，這個邏輯恐怕不成立。租來的店可能開到倒，但很多用自己房子開店的，落得經營不善下場也不在少數。換句話說，**品牌能不能建立起來，和店面是不是租來的，完全是兩回事**。

很多做出口碑的餐廳，搬遷之後生意還是很好，多數店長都認為開店地點最重要，其實這是個迷思。一家店的品牌如果真有建立起來，只要不離開原來的商圈，搬遷後重新開幕，顧客還是會跟著過來。所以，在租來的店面，做長期的事情划不來，顯然並非如此，如果有做顧客資料的管理，新店搬遷的範圍還可以更大。

信義房屋第一家店也是租來的，品牌還沒建立起來之前，也搬過好幾次家，但並不影響我們建立品牌的決心。當然，房仲店和咖啡店不同，咖啡店的顧客可能天天來，房仲店的顧客不可能天天買屋賣屋，七、八年才交易一次，靠顧客介紹顧客很重要，因此，相較咖啡店，提供顧客的終身價值更顯十分必要。

真正的關鍵是，發展長期品牌策略，要有資金和成本，需持續投入眼前的獲利，短期不求最大利潤，考驗的是經營者是否有長期作戰的決心？內部團隊有沒有明確的共識？是否就算有股東反對，也會堅持下去？如果答案都是肯定的，才有資格做長期經營的打算。

早年信義房屋的立業宗旨，即強調「生存」與「發展」兼顧。因為，只看「生存」沒想「發展」，不願做出短期犧牲，不會去想如何提供更多更好的顧客價值；但光談「發展」，一開始就投資擴充、主張比照大企業的員工福利，這樣的店恐怕也可能很快就不見，不能活下來怎麼發展呢？如何處理長、短期的矛盾，是經營者每年、每月做計畫，或做出每個經營決策時，隨時要去思考和面對的。

■ 小店長這樣想：
「做生意將本求利，一年半載就能快速回收，才有賺頭。」

■ 大店長那樣想：
「做生意忌看短，馬上就能獲利的生意絕對不是好生意。」

學分10
品牌價值
講師／戴勝益

實戰40——拿不出財報，就別談文創

在親友贊助四百萬元下，我們成立一家以展示攝影作品為主的藝廊，理想是打造一個不收門票、全民共享的藝文空間。營收以辦活動與講座的場地費為主，偶爾廠商談異業合作的案子，但目前獲利模式仍不穩定，如果不收門票，很難從本業賺到錢。一般商業營運的SOP適用文創產業嗎？如何確立文創的營運模式？（123藝文空間　張簡店長問）

KNOW WHY

子曰：「行有餘力則以學文。」這句話很有道理，做文創也是，有餘力再行文創。所謂餘力，是你得先要有焦點產品、獨特獲利模式，以及看得到成長機會的財務報表。

行公益、做文創都很值得鼓勵，但總是要循序漸進，先求獲利、站穩腳步能生存、再擴大經營，最後才是實現增進公共利益的理想。你剛好順序顛倒，沒有產品、獲利模式，也沒有財務計畫，就先有資金和房子。坦白說，不管是開店或做文創，做法都讓人不可思議，總不能因為找不到獲利模式，就拿理想化當藉口。

舉在文創產業有一席之地的誠品書店為例，雖然一開始賠了很多年，但它至少有圖書交易的實體，並能提出財務報表，讓企業大股東相信，這樣的投資能獲利，只是需要較長的時間，才能走到今天這一步。薰衣草森林也是很好的例子，兩個來自外商銀行的女孩創業，也是先架構周詳的財務計畫，才有今天的成績，還成為台灣人到北海道開民宿的服務業典範。

理想、熱情每個人都有，但需有現實條件支撐，熱情才得以實現，**沒有現實支撐的熱情只是憨直，是虛無縹緲的空中樓閣。就算是文創，若沒有獲利做前提，到頭來恐怕只是場害人害己的創業災難**。血本無歸不打緊，把朋友、房東，都拖下水，甚至連家人的退休金都賠進去，屆時，責任不是你一個人扛得來的。

文創的「創」，除產品要創新、經營形式也要創新外，更包括創造金錢的能力，如果不能創造金錢或利潤，這樣的文創模式不值得鼓勵，也不值得支持。因為，創業者自己根本沒想清楚公司和個人的願景，不獲利的公司不可能繼續下去，公司一直賠錢，個人也不可能從中學習到任何成長，更何況還賠上青春歲月，是非常可惜的事。

■ 小店長這樣想：

「創新商業模式，需要時間摸索，是開店必要的代價。」

■ 大店長那樣想：

「創造金錢收入也是一種創新，而且是創業的必要創新。」

學分 10
品牌價值
講師／李明元

實戰41——找槓桿點突圍，小店逆轉勝

經營燒臘店多年，商圈外移加上低價便當競爭，老闆人力招募轉趨保守。但人力不足卻造成服務變差、顧客滿意低、營收下滑；再緊縮人力、工作量大導致人員出走、招募留人更困難，該如何跳脫這樣的惡性循環？（名鄉港式燒臘 宋店長問）

KNOW WHY 要讓生意起死回生，或發展新業務，策略上須找到投入少許資源就能產生十倍效益的槓桿點（lever），把惡性循環轉成正循環後，再設定一個接一的驅動點（driver），讓業績重回成長軌道。

以速食餐廳為例，切入原本不擅長的早餐市場，一開始主推上班族需求量最大的咖啡商品，即是槓桿點的選擇；但要讓業績大幅成長，則要靠後續多元的產品組合來驅動。

充實人力，是你可考慮挑選的槓桿點，做法是自己挽起袖子跳到第一線，或找親友當新人手補人力空缺，逐步把營收拉上來，就能多出資源招募新血。這樣漸進式的變革，風險相對較低，但需較長時間。

若想在短時間內將負循環轉正，則要靠推出價格破壞的促銷產品，做為衝高店內營收的槓桿點。但靠短期促銷創造的利潤和現金流，可別急著放進口袋，而是要用來招募人才或更新硬體的投資，擺脫資源不足的惡性循環。

要提醒的是，靠促銷當槓桿點，是一著險棋，前提要先備妥後續配套劇本，當作再成長的驅動點。接在這波促銷後，可能是新產品上市或衍生的外送服務。有計畫出招，**每回出招都是為下個驅動點做準備，才能發揮帶動成長的最大槓桿效果**。

不過，不管是選槓桿點或設驅動點，都只是技術面的操作，要讓小店經營跳脫惡性循環，根本關鍵在於店長本身要先調整心態，用正向思考看待經營環境。

把種種不利因素串成惡性循環，「因為……所以無法……」的關聯性，仍是出自個人主觀，這樣的連結相當程度來自負面心態使然，就算存在有利的客觀因素，你也可能視而不見。

自我設定成長目標，或找商圈裡業績最好的店當假想敵，從槓桿點出發，設想「如果這個步驟做對，接下來另一個環節就會更好，所以再來可以……」這樣，一定能激發出小店正向循環的不息動力。

■ 小店長這樣想：

「景氣不好，客觀經營環境差，財務必須量入為出。」

■ 大店長那樣想：

「主動出擊、不斷出招，不景氣是淬煉一家店的好時機。」

學分10
品牌價值
講師／戴勝益

實戰42——先搶領導地位，再打形象牌

洗衣店轉型專攻餐廳、ＳＰＡ館備品，有別於多數同業使用添加漂白水、油精的洗劑，若清洗不乾淨對人體有害。我們採用軟水、高溫方式清洗，成本卻較高，有什麼辦法可讓客戶認同小洗衣店的經營特色，成為和大洗衣廠競爭的利基？（鳳陽洗衣店　王店長問）

KNOW WHY

如果你經營的，是面對一般消費者的社區洗衣店，訴求保護身體的安全洗滌程序，加上提供熟客專用衣物櫃，這樣的親切服務，一定會大受歡迎。但同樣是保護身體的訴求，對餐廳等專業客戶來說，卻未必有效，因他們更在乎

的是如何降低成本、送洗衣物有沒有洗乾淨，以及是否準時送回。

因此，若要堅持既有經營特色，可考慮的方向之一，是轉型社區洗衣名店，強調體驗式服務，消費者下班前來取件時，給予真誠微笑。且每件衣服標籤上，寫上主人姓名而非冷冰冰的數字編號，再附上本店採不傷害身體洗劑、愛地球友善環境等訴求的宣傳內容，由此建立專業形象。即使每件衣服收費，要比便利商店代收送洗多上十元，消費者仍會願意接受。

但若鎖定專業客戶，老實說，一開始就堅持高道德訴求，並非聰明之舉。在營運規模尚未擴大、贏得業界領導地位之前，你更要專注的是效率、成本和如期交件等，提供客戶處理髒污衣物的最佳解決方案。至於安全標準，符合政府規範的法定標準，並能提出具公信力的合格檢驗報告即可。

畢竟，人們送洗衣物優先期待的，是店家能不能把衣服徹底洗乾淨，不像重視消費情境的咖啡店，訴求公平交易咖啡豆的道德經營，能得到消費者認同並對生意有所助益。

如同開一家餐飲小店，營運初期追求的必然是一般人最在乎的好吃、便宜和清潔，若刻意自我提高標準，例如向鼎泰豐選用頂級食材看齊，最後只是墊高經營成本，卡死自己的發展空間。

再者，**提出陳義過高的訴求，對於小店來說，未必對經營效果帶來加分**，只有當你的規模夠大，成為業界數一數二有影響力的大咖後，才有權力和能力，主張道德性的經營。因為，對領導品牌來說，不誠信要付出的代價極大。基於這樣的前提，談企業形象或環保訴求，消費者才願意相信你，並且帶來實質的獲利。

■ 小店長這樣想：

「取法乎上，打企業形象牌，才能得到顧客的認同。」

■ 大店長那樣想：

「任何自我提升都涉及成本支出，一定要精算投資報酬。」

大店長開講

信義房屋董事長／周俊吉

為什麼創新反而導致滅亡

二〇〇八年金融海嘯期間破產的雷曼兄弟（Lehman Brothers），是一家有一百五十八年歷史的公司，沒被世界大戰、經濟大蕭條打垮，卻毀在自己創造的次級房貸商品。為何創新反而導致滅亡？周俊吉認為，原因正出在，它並非是符合企業倫理的創新。

本世紀影響人類最大的商業創新是什麼？

很多人可能會說，是手上拿的蘋果iPhone智慧型手機。但我的答案是：衍生性金融商品。因為，它是引發金融海嘯的元兇，所帶來的衝擊，影響到不管有沒有購買這類金融商品的你我，這個影響仍持續到今天，所以，衍生性金融商品當然是最重大的商業創新。

沒有創新就沒有創業，衍生性金融商品雖然也是創新，卻造成眾人的災難，原因出在，它不是符合企業倫理的創新。

只有符合企業倫理的創新，才是具有社會價值的創新。企業倫理的重要性，比起管理知識或技巧，有過之而無不及，它更是基業長青的重要條件。不僅對內幫助同仁，判斷事情的是非對錯，對外也保障整個產業與經濟環境的安全，是經營者面對同仁、顧客和股東，以及社區環境，如何公平對待的最高指導原則。

提倡企業倫理並非唱高調，也不是大企業才需在乎的，每一家店都應思考。師大商圈當地居民對夜市商家的反撲，就是一例，說明再成功的商業經營或創新，若不能公平對待社區和環境，最後必然招致反撲，成為事業經營的莫大危機。

企業倫理與商業模式

很多人問說，為什麼信義房屋到目前都還是只開直營店，沒有思考過開放加盟經營嗎？

其實，有思考過，內部也爭辯過。

信義房屋在只有兩家店的時候，當時擁有超過二十家加盟店的大台北仲介聯盟（住商不動產前身），就想和我們合作，甚至考慮大家掛相同的品牌，不過當時我婉拒了對方的好意。

開到第八家店的時候，因為那時房地產景氣大好，內部開始出現不同聲音，有些同仁認為公司應發展加盟體系，快速展店搶市場占有率，這樣同仁也能實現創業當老闆的夢想，但這個提議最後也並未付諸實行。

的確，加盟是服務業很好的商業模式，麥當勞、7-Eleven等跨國連鎖品牌，極高比例都是加盟店。但信義房屋成立迄今三十年，卻始終維持直營模式，並不是認為加盟模式不好，而是，房仲業賣的是服務，人的因素居多，很難只靠標準化進行複製。直營型態才能確保商譽維持，因為唯有建立良好的商譽，才能取得源源不絕的人才，讓房仲產業受到消費者的信任。

如果，當年我們在第八家店的時候，就開放加盟，雖然同仁們可一圓當小老闆的夢想，但隔兩年房地產景氣就反轉，面對經營環境變化，單店面對風險的能力，沒有多店來得具有實力，能不能倖存下來就是個問題。另外就是，形成聯賣網路，是房仲連鎖化經營的優勢，若採加盟型態，很難要求各加盟店東把手頭上最好的物件，拿出來交換分享，無法發揮多店的經營綜效，對顧客也產生不了新的價值。

直營店模式也牽涉到我們招募人才，希望沒有房仲經驗，從頭培養工作態度，以及內部強調合作先於分工的組織文化。因此，在信義房屋內部，我們從來不用員工這個名詞，而是以同仁彼此相稱。

事後證明，這樣做，受景氣波動的衝擊較小，品牌形象和商譽得以穩健經營。如今，每家店也都成為各商圈內營收和獲利最佳的房仲品牌。

企業倫理與創新服務

事實上，信義房屋開前十家店的那幾年，剛好是台灣房地產市場的狂飆期，我們非但不急著成交，還做了很多當時業界的創舉。

例如，創業初期推出「兩段式收取固定比例服務費用」，簽約時收七成，交屋時再收三成，充分維護顧客的權益。

但一開始許多同仁不能接受，因為做業務的有句話說：「會賣是徒弟，會收錢才是師傅。」收錢要愈快愈好，但我們把市場做法倒過來，收款愈慢愈好，不惜增加自己的財務風險，希望如此做會讓同仁更重視服務，並預期幾年後因為服務水準提高，生意會更好。雖然這樣做確實有些錢沒有收到，但這是基於品牌長線經營的思考，後來也改變同仁在簽約後的服務品質，符合「促進房地產交易之安全、迅速與合理」的創業初衷，所以，就沒有不去堅持的理由。

又例如，一九八九年，信義房屋成立鑑價部門，製作當時業界第一份「不動產說明書」，一份製作費要五千元，製作時間至少一星期，才能完成這份形同不動產血統證明書的文件，鑑價部門若認為該物件產權或屋況有問題，業務部門就不能進行交易，避免出現業務單位球員兼裁判，為了成交物件衝業績，犧牲客戶的交易安全。

對顧客來說，雖然要等上好一陣子才能開始賣房子，但交易安全卻獲得了充分保障，而這樣做對公司帶來的好處是，隔年，房地產景氣急轉直下，顧客開始重視資產交易的安全，因此，我們業績反倒逆勢成長了五成。

雖然，說服同仁接受這樣的創新理念並不容易，也因推動這些制度和做法，面臨好幾次人才大失血的危機，我還曾在仲介同業公會，以法規委員會主任委員身分，建議將這些做法列入當時內政部起草的「不動產經紀業管理條例」，卻被其他同業抨擊罔枉顧業者利益，會員身分差點被罷免掉。

但我始終認為，台灣中小企業居多，論規模、資本都不如人，更要靠企業倫理，才可能打造出值得跨國消費者尊敬的國家級品牌。

〈品牌價值〉的槓桿思考練習

一、不只吸引顧客上門，一家店還要能招募到員工，除了薪水以外，我的經營理念能打動員工嗎？

二、和提供同類型服務、價格帶相近的同業比起來，我提供給顧客什麼最不同的滿足感？

三、對於那些還沒有上門的顧客，或用不到我們服務的社區居民，我該做些什麼事？

學分 11
跨店經營
講師／戴勝益

實戰43——有多少店長開多少店

在社區經營雲南美食近兩年，有一定的客群，計畫在附近開設分店，若將新店開在原有店面附近，是否妥當？（薩爾溫雲南美食　趙店長問）

KNOW WHY 根據經驗，餐飲行業連鎖店經營的成功比率，只有一%，甚至還不到，常看到許多人氣名店，見生意火紅接連開出分店，但沒多久，卻又一家家收掉，「一二三四五、五四三二一」這樣的現象，可說是絕大多數餐飲名店，跨入連鎖店經營的宿命。這樣說，並不是要你打退堂鼓，而是要提醒，切莫輕忽開設分店所要面對的經營風險。

這樣的風險大半來自於，開設分店前並未培養出真正具獨立經營能力的店長人選，導致經營者蠟燭兩頭燒，店務管理的執行力打了折扣。最後，兩家店不但沒發揮一加一大於二的綜效，反倒出現一加一小於一的自我損耗。原本一家店一個月可淨賺十萬元，開了第二家店後，一個月卻總共只賺八萬元，甚至連創始店賺來的老本都賠下去，這樣的例子不勝枚舉。

如何避免開愈多店、賠愈多錢的陷阱呢？

首先，要評估潛在客源是否充足。分店開在本店附近，雖可就近管理，發揮共同採購原物料的成本優勢，但兩家店客源難免重疊，為了不讓分店瓜分本店生意，必須先統計目前本店等不到位的未收客人，是否超過來客總數五成，先確立需求面的基本盤，再做開設分店的計畫也還不遲。

當已打定主意開分店，首先要考量是否有獨當一面的店長。千萬不要想兩邊都自己管，不論是讓跟隨多年的幹部或親戚接分店店長，你都不應涉入分店日常管理，**分店店長若不能完全獨立，最終一定拖累本店經營**。

原因很簡單，經營一家店時，管理層面執行力可百分之百；一旦兩店奔波，主事者心力有限情況下，執行力勢必打折，如果各達原本八〇%，兩店相乘起來執行力只剩六四%，經營績效當然退步。

另外，是有關成長性的評估。開分店半年之後，兩家店加起來的營業額，至少要是一家店的一．七倍以上，利潤的成長幅度也是，這才算展店成功，可以進一步計畫開第三家店。反之，若達不到這個水準，就必須回頭檢視管理執行力的落實程度。

■小店長這樣想：

「開愈多家分店，具採購和規模優勢，愈有競爭力。」

■大店長那樣想：

「開愈多家分店，是否會因此導致客源分散？店内的管理幹部夠不夠？」

學分 11
跨店經營
講師／李明元

實戰44──展店先顧核心，守住續航力

因為熱愛烘焙，相繼開出三家甜點店，聘雇正職及計時員工近四十人，由於自己興趣仍在產品研發，曾找來高階主管接手日常營運管理，但對方開出的薪資條件過高，且難融入既有品牌文化，我該如何解決分身乏術的兩難？（法米法式甜點　李店長問）

KNOW WHY

跳脫找空降主管加入團隊、處理營運管理工作的思考框架，從多元化展店模式出發，思考不一樣的商業模式，或許更能找到新出路。可考慮的展店形態，有以下三種：

一、阿默模式：阿默蛋糕從一家位在萬華的巷弄小店，如今發展為年營業額破億元的知名烘焙品牌，靠的不是增加門市數量，成功關鍵是一開始就鎖定無店鋪的宅配銷售策略，省去管理門市所需耗費的精力，店家反能專注在產品研發與品質把關，累積出消費者的好口碑。

二、王品模式：讓店長入股分紅，透過內部創業的方式，和各店主管共同分享經營成果，藉由提供充分獲利誘因，把門市管理的權責一併授權出去，降低多店經營的管理複雜度。

三、加盟模式：扮演加盟總部的角色，掌控研發、生產與物流配送，設計出良好的加盟制度即可，加盟主為求成長一定會全力以赴，你也可以把心思專注在產品創新，等於建立起雙贏的分工模式。

三種模式，都能解決未來面對持續成長，隨著店數擴張，管理能力遭稀釋的困境，各具優點也各有其進入門檻。

採阿默模式，須具備虛擬通路的會員資料管理能力；採王品模式，最難的是大方和員工分享獲利的心態；至於加盟模式，成敗關鍵則在加盟總部與加盟者之間，權利義務如何清楚劃定，並對品牌經營形成共識。

選擇哪一個展店模式，或是回頭繼續尋找志同道合的高階主管帶領團隊，要視你如何認定自己的核心能力。**如果創業者的興趣和本事是在產品研發，也最具發展出差異化的競爭力，就不應繼續浪費力氣處理門市的大小事**。

想一手包辦上下游供應鏈，最後導致資源分散，續航力不足，是許多連鎖店家常見的經營盲點。

即便是擁有跨國營運實力的麥當勞，除開放加盟主經營，面對供應鏈，也是持整合但不介入態度，正因為，如何開出創造消費者美好消費經驗的餐廳，才是麥當勞的經營核心。

■ 小店長這樣想：

「從原料端到生產端、銷售端都要完全掌握，才能嚴控品質。」

■ 大店長那樣想：

「做大之前要先做強，創業初期要集中資源放大核心競爭力。」

學分11
跨店經營
講師／戴勝益

實戰45——
強化網路行銷，勝開實體店

本店經營文具禮品批發，專門進貨商家下架庫存品，再以低於市價五成價格賣出。近年來因少子化，幼稚園、安親班等大客戶的業績持續衰退，曾考慮開設實體店面改做零售，但考量租金、人事成本開銷過大作罷。我該如何拓展通路？

（天順國際　劉店長問）

KNOW WHY

收購下架良品低價出售的商業模式，很適合複製到打價格肉搏戰的網路商店，因此，與其進軍實體通路，不如主打網路商店。網路開店成本最低，有能力經營網路商店的賣家，未必有本事做實體通路。**實體店遠比網路店複雜許**

多，除比價格，還須打理環境、服務顧客等，花心思處理日常瑣碎店務。

以你目前經營狀況，貿然跨入實體通路，只會吃掉僅存利潤，不利把生意核心做深、做強。

市價兩折買進、四折賣出，有本事找到貨源，是你能成功的最重要核心能耐。你認為少子化導致生意變差，但我的看法是這塊市場商機非常大，不只幼稚園、安親班，一般大型連鎖通路或公司行號福委會，每年動輒上千萬元的文具禮品採購預算，都是眼前生意大餅。若想吃到這塊市場，得做兩件事：建立買方信任感、強化行銷力。

讓買方對你賣的商品有信心，不會因超低價、而買到瑕疵或次級品。可考慮的做法是，對買家做出承諾：「如果買到瑕疵品，可獲十倍價差賠償。」如此買方信心很快就建立起來。

行銷力指的是，讓有文具禮品採購需求的客戶知道你的存在，並提供客戶友善的採購介面。例如，購買入口網站關鍵字，或加入團購平台Groupon這類折扣網站，有效把店家品牌和品項傳播出去，累積知名度和口碑，而非只扮切貨轉售的批發業者。

還有購置iPad，配發給業務人員，在客戶面前，可依商品用途或價格快速檢索，且瞬間秀出照片，甚至線上就請物流部門配合出貨，二十四小時內完成交貨，運用隨手可得的科技產品，提高銷售效率與服務品質，客戶不必再像海底撈針般，得翻完厚重的紙本目錄，才能搜尋到商品。

有時經營者會因思考慣性，忘了自我核心優勢，或自設限發展空間。重新盤點能耐、勇於做大分母，再創事業第二春機會永遠存在。

■ 小店長這樣想：

「實體與虛擬通路同時並進，才能通吃兩邊的客源。」

■ 大店長那樣想：

「發展虛擬通路目的不一定是賣東西，可以當成行銷平台。」

大店長開講

信義房屋董事長／周俊吉

開第二家店，沒那麼簡單？

開第二家店時，成立企業總部；開第八家店時，花掉三分之二資本額建置跨店資訊系統，這些被同業認為瘋狂的舉動，卻奠定信義房屋從一家街邊店發展為跨國集團的基礎。周俊吉說，他只是堅信這是一家「可以長大」的公司，所以，做任何事，都是以將來「可久、可大」的出發點為考量。

一九八六年，信義房屋在台北市新生南路開出第一家店，隔年分店開幕，正在籌備第三家店的時候，我母親問我，已經有兩家店了，你和你太太一人顧一家剛好，開第三家店，要找誰來顧呢？

長輩的想法，是許多台灣開店經營者存在的慣性思維，本地服務業很多特色小店想成長，規模卻無法擴大，也是受限於這樣的想法。

建立制度，可久

一九八七年，信義房屋只有兩家店時，我就請眾信會計師事務所（後來與勤業合併為勤業眾信），建置完整的財務會計制度，建立這套財務制度，一開始就要十多萬元，當時同仁的平均薪資不過一萬兩千元左右。而制度建立之後，許多帳務科目就沒有彈性的模糊地帶，從此公司只有一套帳，回頭看，也替日後的股票上市建立基礎。

在此同時，我們雖然每個月營業額僅一百多萬元，卻在松江路中華日報二樓，當時A級辦公商圈租用企業總部，不到十人的幕僚組織，用上兩百六十坪空間，一個月租金支出就要三十幾萬元，所有人都認為我瘋了。

我思考的是，房仲業靠人才勝出，這樣做完全是基於人才的考量。

畢竟，招募人才時，應徵者還是會看一家公司的「門面」，在沒有企業總部之前，信義房屋招募人才很困難，但承租松江路的辦公室之後，很快就招募到十幾位大專畢業的新鮮人。有了這批生力軍，不到一年，店數從原本的兩家擴增到八家，從此之後，人才招募才漸入佳境。一九九〇年，信義房屋便已達到分店數二十五家、同仁數兩百四十多人的規模。

發展系統，可大

在開第二家店時，信義房屋開始建立財務、人事和交易安全制度，因為接下來要做的不是單店經營，而是發展連鎖店，很多東西要弄清楚，不管景氣好或景氣不好，這些事都一定要做，開店腳步也不能因房地產景氣下來而變慢。

除了制度化，既然是連鎖化經營，建立連線化的資訊系統，才能提高經營綜效。

開到第八家店時，當時資本額不過三千萬元的信義房屋，投資兩千萬元，建置ＩＢＭ資訊系統。由於資金不足，還以動產做為貸款設定，所以這批添購來的資訊設備，都還被貼上封條，但在沒有網路的那個年代，已做到各店業績、案源同步連線，同仁也能透過資訊系統取得內部公告等資訊，串起總部和各分店的神經系統。

也因為考量連鎖經營的需求，我們先後把鑑價部門和代書業務，獨立出去，分別成立信義不動產顧問公司、信義不動產估價師聯合事務所和信義地政士聯合事務所，建立並發展不同的專業核心。例如，信義不動產顧問公司不只做審核產權，還建置輻射屋、海砂屋等問題屋的專業資料庫，同時服務全台四百家信義房屋分店，建立更強的品牌競爭優勢。

精耕商圈降低失敗率

商圈精耕，也是信義房屋基於「可久、可大」出發點，採取的展店策略。信義房屋前五家分店，都開在台北市大安區；第六家分店，也在臨近的中山區，主要考量是，因為各分店案源需要交流，商圈內各分店形成網絡關係，才能提高在當地的市場占有率。案源比別人多，就能吸引更多買方上門，買方愈多愈容易找到更多賣方，帶來相輔相成的效果。

就零售服務業來說，各分店距離若能近一點，對管理者還是有好處。假設，今天到新的商圈開分店，團隊成員是新的，從別店調來的店長也是新的，一家店要開起來得面對三重挑戰，成功機率當然較小。

不同商圈接觸到的客層不同，對產品或服務的消費型態也可能不同，也或許需要更多台語的服務，若是在同一或鄰近的商圈，就算客層屬性因是辦公商圈或住宅商圈而有所差異，仍可透過管理技能改善經營績效。特別是一開始的前幾家分店，聚焦在小池塘當大魚，建立起在某個商圈的口碑，成功機率一定比較高。

當然，一開始，我們也犯過錯誤。早年，我們曾做了全國性的品牌廣告，因此跨出台北，到台中、高雄開店，就遭遇因距離太遠而造成管理效率不彰的問題。

一來，高雄店長是從台北派下去的同仁，有商圈調適的學習曲線，也有家庭生活轉變的問題，於公於私都要重新適應。二來，當時還沒有高鐵，總部主管要下去中南部一趟，也有時間成本的問題，因此，當時台中、高雄分店，成長速度就明顯比台北的分店慢。一直等到在地的人才團隊培養起來之後，經營情況才明顯改善。

如果可以重來，比較理想的做法是，先發展在地人才，或有在台北上班但想回家鄉發展的主管，慢一點再到中南部展店，經營效率應該會好很多。

這也是為什麼，雖然目前信義房屋在台灣已有超過三百八十家直營店，新北市樹林、泰山也已有分店，卻在人口近四十萬的基隆市，尚未開出任何一家分店。原因在於，在大台北都會區，信義房屋的展店原則，仍是以台北市做為商圈核心，進行同心圓向外輻射的策略性思考，而我們相信，只要公司持續長大，總有一天，分店一定會開到基隆。

〈跨店經營〉的槓桿思考練習

一、想擴大經營規模，除開分店，是不是也可以考慮發展網購或團購業務呢？

二、如果能找對複製的關鍵方法，能開兩家店，為什麼不能開一百家店？

三、分店愈多，經營者看不到的地方愈多，靠一套制度就能管到每一個角落嗎？

學分 12

持續成長

講師／戴勝益

實戰46——揪員工入股，終止內鬥

經營小吃店二十年，曾開出分店並嘗試將經營權下放各店店長，但因店長由總店空降，出現分店員工不服領導，新舊員工難共事問題，甚至導致顧客抱怨，雖不致虧損，後來還是忍痛結束分店經營。請問，未來若仍有擴張計畫，如何避免新舊班底不和？（豆味行　林店長問）

KNOW WHY

「一二三四五，五四三二一」，是我常形容傳統小吃店，生意起色後分店一家一家開，又一家一家收的起落現象。開開關關原因不外是，內部人事擺不平，或者管理能量跟不上。但若採行「分紅入股」制度，幹部、員工變身股東，店愈賺錢員工也能分到更多錢時，隨著經營規模擴大而出現的問題，一定都可以解決大半。

分紅入股的好處是，即便員工只擁有三%、五%持股，但他心理上當自己是這家店老闆，就算對某人心裡不舒服，也只是一時，因為，當彼此利害與共，員工不但不會彼此扯後腿，廚師看到食材浪費，也會主動提報，這是人性。**員工和店家的關係，建立在「你泥中有我、我泥中有你」的分紅入股，就是一個講人性的制度**。

要強調的是，因為你不是星巴克、麥當勞，有完整的教育訓練系統和福利制度，靠營收成長創造的「分紅」，就足以吸引員工加入，一定還要讓員工「入股」。最好趁店小本輕，只有這個時候，員工才有能力當股東。舉例來說，如果開店資本額是五百萬元，認購五%持股只需二十五萬元，一旦店的資本規模擴大到數千萬，入股門檻將高不可攀。

第一家王品牛排開張第一天，我就實施分紅入股，認購一〇%股份的店長若開第二家店，原店還可保留三%股份，藉以鼓勵同仁打天下，把餅做大。對經營者來說，就算持股因此遭稀釋，到頭來還是最大贏家。

主雇合夥共利互惠，道理不難，難在老闆是不是看得開、想得通。多數老闆喜歡獨攬財務，享受一人決策的快感，但採分紅入股，不但對員工財務要公開，重大決策也得先凝聚共識，老闆是不是願意忍受大權旁落的滋味，或者，享受大權旁落的一身輕，是價值觀的抉擇。

■ 小店長這樣想：
「把員工當家人，盡可能善待他，以凝聚團隊向心力。」

■ 大店長那樣想：
「員工當事業夥伴，彼此分享利益，也分擔經營風險。」

學分12
持續成長
講師／戴勝益

實戰47——老東家留才，挺員工做頭家

美髮店靠師徒制培養設計師，但技術成熟後，設計師常會自立門戶，並帶走一部分熟客，造成客源流失，也導致店內人力出現空窗期。是否該改變師徒制的徵員方式？（鴻艇美髮　田店長問）

KNOW WHY

美髮店設計師、餐廳廚師和麵包店師傅，都是職業生涯起步階段，得忍受低起薪、接受基層工作磨練，付出比一般職場新鮮人更多心力，以求換來從師傅身上學到一輩子受用的功夫。這群年輕人願先苦後甘，目的只有一個，就是有朝一日自己開店當老闆。

但每個想當老闆的創業者，所共同追求的夢想，無非事業的成就感，和獨當一面的自我肯定，這兩個目的，是學徒變師傅後，願不願意留下來繼續替老東家打拚的關鍵。

大致而言，協助員工圓夢，途徑有二：其一，擴大店規模，朝多店化連鎖經營形態，設計內部創業制度，挹注部分資金，**協助員工開分店。但各店營運決策權須放手由其主導，讓他有獨當一面的空間。**

大樹底下好乘涼，若從「獨自面對創業成敗的未知風險」和「在老東家相挺下開店」擇一，多數人會選後者。靠著七張椅子、八名員工起家，目前發展出五大品牌，在兩岸開出逾五百家分店的曼都國際集團，即實行「內創開店」策略，由總公司、設計師、店主管三方各約三成，合資入股開店，每月提撥固定比例淨利當獎金和分紅，資深店長還可多店經營，來激勵員工和公司攜手成長。

其二，若定位為個性店，沒有擴大經營的打算，美髮店想留住手藝佳的設計師，則得靠禮聘名師駐店，或送員工到美髮設計學院進修，參加國內外各種專業性競賽，提供繼續學習和成長的空間，激發其成為這行業頂尖從業者的事業企圖心。

除以上兩條路，基於避免出現人力資源空窗期的考量，和學徒簽約，事先言明入行訓練這段期間，雙方的權利義務關係，約滿後再商定日後主雇合作方式，亦是務實的做法。

更創新的辦法就是把美髮店轉型為沒有設計師駐店的百元理髮店，如此就不存在師徒傳承問題。但因不靠髮藝技術勝出，能否生存取決於效率，還有要看你是否有別人沒有的管理本事。

■小店長這樣想：

「師傅教徒弟，有了徒弟沒有師傅，是不得不留一手的原因。」

■大店長那樣想：

「師徒關係是一時的，彼此都要不斷成長，才可能維持長久關係。」

學分12
持續成長
講師／李明元

實戰48

店租抗漲，讓房東變股東

房價飆、店租漲，房東要調漲店租，在北市永康商圈經營第八年，二〇一一年四月租金已從每月十萬元調為十一萬元，捷運東門站啟用後，房東還要把房租上調至十五萬元，龐大店租成本勢必壓垮店裡財務，該如何面對店租續漲壓力？

（麵屋黑平　張店長問）

KNOW WHY

精華商圈店面搶手，房東強勢是經營者要面對的現實，對店租續漲問題，除看房東臉色，還要搞清楚房東心理和期待。

房東在乎房子的獲利能力，並期待愈賺愈多。有的房東很敢開價，追求高於商圈租金水準的報酬，不在乎承租店家，是否一家換過一家。但更多房東重視長期而穩定的報酬，希望承租方信用良好，按時支付租金，永續經營並善待房舍，因此樂於和店家維持良好關係，營造雙方互利局面。

後者這類房東，談店租協商彈性較大。以你的例子，承租該店面八年，和房東應有一定程度互信基礎，討論租金調整，除採每月固定金額的支付方式外，還可考慮「包底抽成」方式。亦即每月營業額未達一定金額，付給房東固定租金；超過該金額，則房東按一定比率拆帳，**讓房東成為你這家店具股東性質的利害關係人。如此，他樂見你生意愈來愈好，你也滿足他獲利極大化的期待**。

另外，設法讓一樓黃金店面的坪效極大化。例如麥當勞在基隆夜市旁的門市，因應租金高漲，去年就把廚房遷到二樓，設計摩天輪概念的機械設備，把做好的餐點送到樓下，解決兼顧供餐速度的問題。

還有什麼方法，能替房東創造更豐厚的獲利呢？透過作業流程改造，把部分廚房、倉庫，遷到鄰近的非店面空間或二樓，空出部分店面，供房東再租給另一店家經營，替他創造另一筆租金收入，相對減輕你的租金壓力。

不過，這些方法治標不治本，長期而言，市中心店租漲多跌少，根本解決之道，是效法香港多數餐飲業，把用餐空間移往二樓，一樓只保留入口空間，這樣就能大幅降低租金成本壓力，且帶給顧客舒適的用餐環境。

但把餐廳移到二樓，牽涉到市場定位與品牌策略，你的店不再只吸引過路客，須靠品牌深度，吸引目的型消費者願爬樓梯來吃這頓飯，是關鍵挑戰。

■ 小店長這樣想：

「租來的店面，不可能永久經營，任何決策都要考慮投資回報率。」

■ 大店長那樣想：

「店面可能隨商圈移轉，但顧客口碑和品牌價值卻是可以帶著走。」

學分 12
持續成長
講師／李明元

實戰49——客戶當金主，免看銀行臉色

本店進口南非產區葡萄酒，供應餐廳為主，店面做展示中心兼營散客，業績穩定成長。但因進口酒類需先押菸酒稅和運費，有餐廳客戶想簽長期大單，卻受制資金不足被迫放棄。開口向朋友借錢怕壞了關係，銀行覺得公司太新不願放貸。該如何解決資金緊俏問題？（Afriwine Cellar葡萄酒鋪　陳店長問）

KNOW WHY

麥當勞創辦人克羅克（Ray Kroc）創業初期曾遭遇同樣問題。當時推出單價十五美分的漢堡大受歡迎，卻面臨進帳現金有限，無法買進足夠肉餅製作漢堡。告貸無門下，克羅克的解決方法是以個人信用當擔保，向供應商開口，說

服肉餅商先借他食材，待賣出漢堡取得現金後再支付貨款，突破經營瓶頸，生意從此愈做愈大。

銀行或股東，是傳統上店家擴大現金流量的籌資管道，但轉換思維，如上述例子，延遲支付上游供應商貨款；或者，請求下游客戶提早付款，亦是運用財務槓桿的實務做法。

你可能要問，供應商或許因要做這筆生意，甘願擔負被賒帳的風險，但如何讓客戶心甘情願先付錢後取貨呢？

以麥當勞為例，每天門市有龐大現金收入，當知道供應食材的廠商需要資金採購，與其讓廠商以他的信用向銀行借錢或找股東籌資所付出的借貸利息成本，最後轉嫁給麥當勞，不如做為客戶的麥當勞預付貨款，讓供應商可拿錢去市場用現金談到最佳原物料採購條件。較低的取得成本，也反映在對麥當勞的原物料報價，最終獲益的是麥當勞。

當然，客戶提早預付貨款，供應商必須回饋較佳的銷售條件。但就供應商而言，毛利率雖減少，卻放大營業額的分母，創造更高獲利總金額，這時候，**供應商和客戶成了分享利潤的雙贏夥伴**。

好市多（Costco）大賣場向消費者收取一千二百元的會員年費，也是基於充實營運現金流的思考，提高自身對供應商的現金採購談判優勢，再把因之壓低的進貨成本，反映在商品售價回饋給會員。

因此，你可找一家有意簽大單合約的餐廳，要求對方預付葡萄酒菸酒稅和運費，讓你先買貨進口，由於回饋一定比例利潤，對方可能覺得價格很划算，就會願意協助你把生意做大。

■ 小店長這樣想：

「靠財務槓桿把生意做大，雖成長快，但風險亦高。」

■ 大店長那樣想：

「把上下游當事業經營的夥伴，有錢大家賺，把餅做大才是成長之道。」

學分 12
持續成長
講師／周俊吉

實戰50——公益不是行銷，但要顧到生意

經營二手書店，和便利商店合作，送書到偏遠地區的小學，一方面做公益，一方面也成為我們拓展書源的平台，這個活動雖有它的效果，但卻苦於篩書人力不足。該如何看待這個活動對書店營運的效果呢？（雅博客二手書店　楊店長問）

KNOW WHY

就企業經營的立場，並不存在純粹做公益這件事。個人、企業做公益，兩者應該要分得非常清楚，個人可以無名氏捐款做慈善，但企業做公益不能「為善不欲人知」。因為，企業或一家店的利害關係人不只老闆一人，還有員工、股東等，每一筆公益款項都要對利害關係人負責，若這筆支出對員工、股東

長期而言沒有幫助，則是不應該被允許的。

基於這個前提，企業做公益應有所限制、分際。若公益的課題和企業營運的關聯性很低，企業其實就不應該去做。舉例來說，不能說因為老闆很喜歡某個藝術家，就贊助他開畫展甚至買他的畫，這樣豈不是公私不分；但若贊助校園演講，可能對日後人才招募有幫助，對企業長期成長就能帶來加分。

二手書店發動送書到偏遠地區小學的公益活動，和企業本身的營運方向是符合的，沒有問題，但因人力成本難負荷，導致無法持續下去。若換個方式進行，從一半公益、一半生意的角度思考，會不會比較有機會持續下去呢？

一半生意的意思，並不是說靠公益活動獲利賺錢，因為若這樣就變成了行銷活動。行銷是行銷，公益是公益，公益不談直接報酬和對價關係，但公益若能帶來企業品牌形象或知名度的提升，例如，在活動期間，在便利商店捐書空間處，放置印有店名和電話的宣傳製作物，讓愛書人知道有這家二手書店，即便活動結束之後，顧客還是可以找得到這家店，也算達到生意目的，這樣才不會投入大量人力成本，做公益但品牌卻沒被凸顯，那就很可惜了。

企業不可能做到像是無名氏捐款的純粹公益，但**公益的純度愈高**，**感動人心的力量愈大**，**更能帶來「一本萬利」的效果**，讓許多人都受益，不只員工、股東、顧客、供應商，還有社區居民等，是一件再高明的行銷活動都很難做到的事。

我也非常同意，做公益不是只有大品牌、大企業才需要做，也並非等行有餘力才去思考，「待有餘而濟人，則永無濟人之日」，把公益當作企業的成長策略之一，才有可能永續經營。

■ 小店長這樣想：

「做公益雖好，但耗去太多成本，最好還能兼顧行銷目的。」

■ 大店長那樣想：

「兼顧員工、股東和顧客利益的公益，才能讓品牌價值持續成長。」

愛玩，才能一直賺

王品集團董事長／戴勝益

「遊百國、吃百店、登百嶽」，這是王品集團從董事長到店長，必修的三百個學分。戴勝益認為，有了這三百個學分，才能讓自己的人生不後悔，同時也是一家店能不斷成長，持續進步的原動力。

如果，人生一半的時間給了工作，另一半貢獻給家庭，我想，在蓋上棺材的那一刻，我一定很不甘心地，會在棺材板踢上兩腳，因為，那不是我想要的人生。

理想的人生就像一杯「三合一」咖啡，咖啡粉是工作，奶精是家庭生活，糖則是個人的興趣嗜好，喝黑咖啡，味道很苦澀；咖啡只加奶精，雖然滑順但無味；只有當咖啡、奶精和糖調和在一起，才是杯香醇好喝的咖啡。懂得調配出屬於自己人生的咖啡，是真正的智慧。

能玩才能賺，不請假的主管有三害

完成「遊百國、吃百店、登百嶽」三百個學分，目的不只走出去，觀摩同業的菜色和服務，讓僵化的經營思考重新歸零而已，更重要的是，要會玩，玩出自己精彩的興趣和嗜好，找到自己人生咖啡不可少的糖。

「敢拚、能賺、愛玩」是王品企業文化的核心價值，把「愛玩」當成是一個企業追求的價值，是因為，接觸大自然挑戰自我，培養的是毅力、耐力和冒險精神，養成不斷自我鍛鍊的心態和習慣，正是一家店主事者最重要的心理特質。

經營一家店，最容易的就是開幕那一天，因為，一定是所有條件都備齊了，才會開門營業。當天，所有想得到的親朋好友也都會來捧場，所以，開幕一點都不難。

難是難在開幕之後的第十週、第十個月、第十年的每一天，如何持續精進不斷成長，永遠讓顧客進到店裡來的時候，看到端出的菜色和展現的服務，依舊忍不住地說「哇！怎麼那麼棒！」否則，顧客有什麼理由繼續支持你這家店呢？

不是只有老闆才要玩。在王品集團，我鼓勵所有同仁都要有愛玩的精神和行動力，因此，正職人員每個月有九天假可以排休，比一個月只有四到六天休假的同業，甚至是週休二日的公務人員還多，用意就是希望大家走出店裡，實現自己的理想和夢想，這樣才對得起只能活一回的人生。

在我的行程表，除了公司的會議之外，就是登山、騎自行車、畫畫、同學會和家族旅遊等，密密麻麻的玩樂行程，去喜馬拉雅山基地營十五天，也強制一級主管一定要去，這樣大家才能去得理直氣壯。

為了要玩得理直氣壯，王品集團每個人都有一張學分表，舉凡登百嶽、吃百店都列入學分，當成人事調動或升遷時的參考，有一個明確的學分數字在那裡，大家才會認真當一回事，而當你沒做到別人有做到，就會感受到壓力。

甚至，因為「愛玩」向公司請假，我都認為值得鼓勵。在王品集團，不愛請假的主管有三害。第一害，因為主管永遠堅守崗位，只會強化下屬的依賴性，無法獨立作業。第二害，因為主管英明，所以這位主管底下的部屬，通常不會有更上一層樓的企圖。第三害，因為這樣的主管通常會看不慣請假的人，違反本公司追求的「愛玩」核心價值。

我認為，一家公司成長會遇到瓶頸，問題總是出在開會時坐在前三排，尤其第一排中間的那幾個人。我期待同仁和主管，「敢拚、能賺、愛玩」，自己當然也要帶頭示範。四十歲才開始學游泳的我，五十一歲那年，在親友與媒體注目下，挑戰泳渡日月潭紀錄，剛下水那一刻，原以為平靜無波的湖水，竟暗潮洶湧，恐懼極了！但當完成橫渡壯舉，上岸的感想是：只要跨出第一步，就有成功機會。

釣客與猴子的故事

奇美實業董事長許文龍，是我最欽佩的企業家。他每週只進公司兩個早上，不但事業成功、守法，更贏得眾人尊敬。他總是提醒他公司的人，工作的目的，不是要累得要死，是要在這裡得到幸福。

怎麼樣才能又幸福、又成功？這位充滿智慧的企業家曾對我說過的兩個故事，很值得和大家分享。

第一個故事是關於釣魚。結伴出海釣魚，釣到幾條魚最快樂？大部分的人會答，釣滿滿的一魚簍最快樂，但其實，大家都釣一樣多的時候最快樂。如果你釣滿滿一簍，其他朋友卻只有二、三尾，這是最悲慘的，因為，同行的朋友都不開心，你很快樂，可是，要向誰去說？

第二個故事說的是獵人如何抓猴子。聰明的獵人，總是在瓦罐裡放猴子最愛吃的炒花生，罐口很小，猴子伸手一把抓住花生，手抽不出來，不肯放掉手裡花生的猴子，一會兒就落入獵人手中，變成最大輸家。

開店當老闆，或擔任一店之長，務必要當個快樂的釣客，千萬不要成為那隻輸掉一切的猴子。

〈持續成長〉的槓桿思考練習

一、除穩健經營之外，我的店是否也持續帶給客人新的驚喜？

二、期待員工提升服務，我的自我成長目標又是什麼？

三、探索顧客新需求同時，我是不是也勇於進行自我探索？

〈附錄〉

初衷，決定你的開店之路可以走多遠！

——「微熱山丘」創辦人許銘仁的成功心法

尤子彥

二〇〇九年在中部八卦山起家的「微熱山丘」，是台灣服務業的開店傳奇，六百萬元資金起步的鳳梨酥生意，短短六年間，跨足台北、新加坡、東京、上海、香港等亞洲城市，並鎖定英國倫敦，做爲日後進軍歐洲的第一個開店城市。

品牌創辦人許銘仁，過去曾是上市公司負責人，家中三代是鳳梨農。人生中場，他選擇離開電子業的紅海戰場，返鄉幫助從事自耕農的弟弟，思考農業轉型的可能。便是這樣的起心動念，開啓了令人驚艷的「微熱奇蹟」。以下是許銘仁給開店創業者的提醒與忠告。

尤子彥問（以下簡稱問）：為什麼想做微熱山丘？初衷是什麼？

許銘仁答（以下簡稱答）：當初做微熱山丘，可以說是無心插柳，一開始只是想幫助做茶農的弟弟，和旁邊幾個農民，因為茶業市場要和越南、大陸的低價茶競爭，很不好做。透過宅配賣糕點，也是他們想出來的，我只是拿出一筆約六百萬元的創業資本，創立品牌前，幫忙找來品牌設計師謝禎舜（言行設計總監、前奧美廣告識別管理顧問）。

後來發現，如果鳳梨酥的生意能做大，可以幫助很多在地農民，甚至替台灣的農業做點事。至少，初衷是良善的，最起碼我有那個心幫我弟弟。我們家有六兄弟，家人的情感很緊密，如果當初沒有那樣的心態，我也接觸不到後來的好結果。很多時候，**人都是因為先幫助別人，才幫自己找到機會。**

我從小在鄉下長大，家中三代都種鳳梨。爺爺在日據時代，得挑著鳳梨翻過坡度超過三十度的八卦山，交給台鳳工廠製成罐頭外銷。即使後來長住台北，每兩、三個禮拜我還是會回去一趟。九二一大地震隔天，我一大早就趕回八卦山，對家的感覺很強烈，因為那是我的根、最後的避風港。這樣的背景，讓我不管對鄉下或農業，都充滿濃厚情感。

問：農業轉型的可能性很多，為什麼選擇鳳梨酥呢？

答：一開始只是設定做宅配糕點，要賣什麼也不知道。我過去做電子業，對物流很在行，但若要把山上工廠的產品宅配到全台灣，品牌一定要很鮮明，所以才會想到從台北找品牌設計師協助。在還不知道要生產什麼產品之前，就先把品牌定位想得很清楚，等品牌定位好之後，再找公司定位，思考做什麼產品最適合。

起先，因為我叔叔養蜜蜂，也是糕餅師傅，最拿手的是蜂蜜蛋糕，也嘗試做桂圓蛋糕、銅鑼燒等，連盒子和包材都設計好了。但是，後來謝禎舜問我，既然山上到處都是鳳梨田，為何不做鳳梨酥，品牌定位不是更鮮明嗎？於是我們把所有產品都停掉，只做鳳梨酥。台灣兩萬多家麵包店都會做鳳梨酥，不差我們這家，卻沒有一家鳳梨酥專賣店，因此，**如何讓人們一想到鳳梨酥，腦海中就跳出微熱山丘，便成為開店的最大挑戰。**

問：很多人認為，免費讓上門顧客試吃，是微熱山丘暴紅的原因之一，你如何評估這部分的成本支出？

答：現在台北民生社區的門市，上門的顧客一半是國外觀光客，尤其這一年多來，香港來的觀光客成長最多，這是我們感到很欣慰的地方，表示這個地方名產的生意，在海外市場也大有可為。

我們的東西在機場買不到，也沒有到處開連鎖店，就只有台北一家店，不然客人就要跑到南投山上買，除非上網訂購，其實很不方便。尤其讓海外客人大老遠跑來，特別到巷子裡找你，有時傍晚來還買不到鳳梨酥，是一件很失禮的事。我們做主人的當然要請他坐下來喝杯茶、吃塊鳳梨酥，不問他是否要消費，而是提供一種完全不同的體驗，讓他知道有人這樣開店賣鳳梨酥。若有購買需求，門市人員再協助他，看後續如何把鳳梨酥送交到機場或住宿的飯店。

生意不會憑空而來，我們不打廣告，不走其他通路，也沒和旅行社配合，行銷面總是得做點事（微熱山丘每生產十顆鳳梨酥，就有一顆是提供消費者試吃）。消費者透過奉茶和試吃，所得到的體驗和留下的記憶，是我最主要的行銷工作，且因為店不多，我可以做到很精緻，這對品牌來說太重要了。

不只台北門市、上海等海外店如此，南投山上有時假日光一天內，甚至送出一萬顆試吃的鳳梨酥。說到底，**鳳梨酥只是一個載體，消費者來到店內，體驗到完全不同的待客之道，才是我們真正想傳達的品牌內涵**，背後的思考是：每個人都希望被善待，也值得被善待！

問：所以，奉茶和免費試吃，不僅是行銷手段，更是品牌內涵的體驗？

答：如今的消費者愈來愈在乎體驗，客戶接觸我們的經驗總和，等於微熱山丘的品牌內涵。我們認為客人開車大老遠到南投山上，若只是為了吃顆鳳梨酥，行程太單調、不夠豐富，才會在鳳梨田旁成立農村市集，找日本人設計一個五百坪的防風帳篷，地板全是進口柚木地板，免費提供場地給當地小農，週末展售農產品，還有民俗藝人表演；遠地來此的遊客，也能有個清潔舒適的如廁空間。

過去在電子業的很多朋友，都說看不懂我現在做的事。我這幾年整個思維都換掉，體認到電子業的模式太辛苦了，被動接單，沒有主導權，以致管理也沒有人性，不知道自己的價值在哪裡？過去幾十年，台灣電子業追求的是效率、良率，而**一旦要做品牌**，就不是這種思考邏輯，心態也不一樣，**不再是成本導向，而是要創造價值。**

外界誤以為微熱山丘背後有龐大的資金，其實，我財務計畫保守到不行，品牌創立前兩年，請了五、六個人，一個月的人事成本才三萬元！我拿出第一筆錢時就說，大家的目標是創業，除了我叔叔（因為他從別的地方來，又是專業的糕餅師傅）以外，其他原來有收入的人不能拿薪水。這樣一來，幾乎沒有財務壓力，就算做不好，五年不賺錢也不會倒，只須買原料，讓工廠有事可做。正因財務保守到不行，所以能做大膽的事情，譬如大方送人試吃，因為若不送出去或賣出去，生產線就會停擺。創業初期根本不須投資太多錢，最重要的是idea（點子），和能不能找到生意的突破點。

問：微熱山丘目前已在亞洲許多城市開店，下一個目標是什麼？

答：微熱山丘成立到今天，才不過六年，對一個企業來說，是否已經站穩都還不知道。目前只靠鳳梨酥單一產品，努力跨入海外市場，一邊展店一邊摸索，也才認知到，一個地方特產要走進國際市場，還需要突破很多事情。在中國大陸，目前雖然只有上海外灘一家店，接下來最重要的是靠電子商務（以下簡稱電商），畢竟中國有全世界最成熟的電商市場，未來空間極大。前陣子我們已和天貓商城簽約，天貓開出一天十萬、二十萬盒的接單規模，我完全無法想像，因為就算日夜趕工出貨，一時也找不到這麼多鳳梨醬原料。

我的體會是，當品牌到了一定知名度，到天貓等電商平台開店，風險還真低，就算最後生意做不起來，也不必付實體店面的店租押金，或苦惱該如何處理庫存。也就是說，**未來做零售業，如果能透過網路宅配，就不要開連**

鎖店，只要開幾家體驗店，做好「O2O」（on-line to off-line）線上管理就好了，尤其在電商如此成熟的中國，如果還走傳統連鎖店模式，那就是自討苦吃。

我跟上海的同事說，把電商搞定，中國市場就有九成的成功機率，接下來可以準備去英國倫敦開店了。

問：微熱山丘的成功，證明就連進入門檻並不高的鳳梨酥，只要有獨特經營觀點，都大有可為。這樣的思維，要如何用在其他產品上？

答：微熱山丘的品牌精神是「返璞歸真」，其實只是順勢而為，呼應這個時代的人們內心追求的價值。前陣子我去日本拜訪朋友，他光是想通幾個概念，就讓家傳四代、一百二十年歷史的醬油廠，十年內轉型成功。去年光賣醬料，就有一百三十億日圓的營業額，且半數以上都來自網購訂單。走進這個品牌的專賣店，每種醬料我都想買。

這個醬料品牌叫作「茅乃舍」（Kayanoya），其經營者看到食品添加物頻頻出問題，**消費者內心渴望天然、健康（這才是食品業的王道）**。他想通這點，把天然健康當作品牌DNA，更做到最好吃，抓到消費者的味蕾，讓他們對這個品牌產生一輩子的依賴。最後的問題，是如何讓消費者接近產品，有了第一次的購買行為，日後就可透過網路交易。

這位經營者為了讓消費者體認他的決心，花了四億日圓，在福岡蓋了一棟絕美的茅草屋餐廳，讓顧客體驗並接觸產品，沒幾個月餐廳就爆紅。工廠蓋得像晶片廠般明亮，而不是傳統黑黑臭臭的醬料廠；茅乃舍東京旗艦店，則找來設計微熱山丘表參道門市的日本建築大師隈研吾特別打造。

目前，「茅乃舍」已開了十五家醬料專賣店，目標是在日本開出二十家專賣店。幾年下來，產能快要趕不上市場需求，證明消費者完全接受了這個品牌。

返璞歸真、天然健康，是一聽就懂的普通道理，我總認為，那些不容易聽懂的深奧道理，都不是對的道理；正如**不能用簡單幾句話說清楚的生意，多半不是能做的生意**。你聽經營之神王永慶講話，談的也是普通常識，但他對普通常識的掌握，卻極為精準。

問：想給開店創業的人什麼樣的建議？

答：先找到一個你願意為其效命的初衷吧！不管怎樣，就算只是開一家小店，還是要想清楚真正的初衷，這是最重要的根本。好比開早餐店，如果初衷是想做出一份能讓人吃了會快樂、有幸福感的餐點，並因此鑽研出獨特本事，那麼，走出來的創業路一定很不一樣；但如果只是不想當上班族而跑去創業，下場會很慘。

搞清楚自己的初衷究竟是什麼，會決定你開店創業的路可以走多遠，可以承受多少挫敗。初衷不對或沒有信念，遇到困難就很容易撤退、投降；但若初衷良善、有理想性，當碰到困難時，你心中所想的，會是無論如何一定要走到目的地的決心，視沿途的風雨為必經過程。

成功的人多半不是能力特別好的人，而是比較願意堅持的人。聰明的人太會算計、轉彎，自然缺乏理想性。尤其，對於風險的分析，愈聰明的人想愈多，笨的人反而擔心得少。其實，很多風險是自己想像出來的，同樣的，看得到的機會，也不一定真的是機會，可能三個月後統統改變，就算當初分析得再厲害也沒用。很多人創業，最後成功了，但常常和原來想的不一樣，這是因為他願意堅持，這條路行不通，會想辦法找另一條路，才能看到最後的機會，但往往走到這裡時，聰明的人早就放棄了。

大店長開講——店長必修12學分 / 50個開店Know Why（修訂版）

作者	周俊吉、李明元、戴勝益、尤子彥
商周集團執行長	郭奕伶
視覺顧問	陳栩椿
商業周刊出版部	
總編輯	余幸娟
責任編輯	羅惠馨、錢滿姿
封面設計	黃聖文
內頁設計排版	豐禾設計
出版發行	城邦文化事業股份有限公司-商業周刊
地址	104台北市中山區民生東路二段141號4樓
	電話：(02)2505-6789　傳真：(02)2503-6399
讀者服務專線	(02)2510-8888
商周集團網站服務信箱	mailbox@bwnet.com.tw
劃撥帳號	50003033
戶名	英屬蓋曼群島商家庭傳媒股份有限公司城邦分公司
網站	www.businessweekly.com.tw
製版印刷	中原造像股份有限公司
總經銷	高見文化行銷股份有限公司 電話：0800-055365
初版1刷	2012年（民101年）11月
修訂初版7.5刷	2022年（民111年）6月
定價	350元
ISBN	978-986-6032-99-8（平裝）

國家圖書館出版品預行編目資料

大店長開講：店長必修12學分/50個開店Know Why / 周俊吉等著. -- 修訂初版. --
臺北市：城邦商業周刊, 民104.05

面； 公分

ISBN 978-986- 6032-99-8 (平裝)

1.商店管理

498 104007832

金商道

The positive thinker sees the invisible, feels the intangible, and achieves the impossible.

惟正向思考者，能察於未見，感於無形，達於人所不能。 —— 佚名